最簡單的生產製造書 ⑪

圖解 # 電子電路

元件功能構成╳設計手法╳實做流程，
實現未來科技的**電子製作應用實務**書

清水曉生 著
張迺成 譯

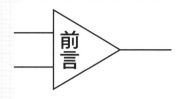

前言

　　在我們的日常生活中，需要借助許多電子設備，如智慧手機、電腦與家電產品等。要製造這些電子設備或理解其動作，電子電路扮演著很有用的角色。

　　學習電子電路時，電氣電路的基本定律或電晶體等半導體的知識非常重要。而學習這些知識時，必然會碰到數學公式。數學公式是簡潔呈現出定律或現象的一個方便的工具。

　　然而，這些數學公式對於初學者來說是一個障礙。學習電子電路時，總會出現「為什麼會出現這種數學公式呢？」或是「這個數學公式要如何解答呢？」等疑惑。由於必須理解各種算式，有許多人只因為數學公式而討厭電子電路。如果因此而受到挫折是很可惜的。

　　本書盡量不使用艱難的數學公式，只會著重於說明數學公式所代表的意義。但是，如歐姆定律等基本且簡單的法則，由於以數學公式來表示較容易理解，因此會特別以數學公式來說明。對於這些公式，本書會說明公式的意義，讓讀者一邊理解一邊學習。

　　首先，讓我們先理解學習電子電路需要知道的知識、定律與電子電路所使用的零件等。之後再回歸原點，理解電子電路的功能與構造及電子電路的各種應用實例。

　　希望透過本書可以讓讀者充分體會電子電路的樂趣。

清水 曉生

目錄 CONTENTS

第**5**章 「簡單!」
電子電路的應用　　107

目錄 CONTENTS

專欄

第 1 章

「簡單！」 電的基礎

在電子電路中，會出現許多專門術語與表達其現象的公式。首先，為了讓讀者對於電子電路產生興趣，讓我們透過學習電的使用方法與性質，來擁有電的基本概念。本章將讓讀者意識到日常身邊使用的電，並針對看不見的電進行說明。請學習電的真實面貌與性質，並理解電的使用方法。如果對於電有基本的概念，就可以更容易理解第2章以後的內容。

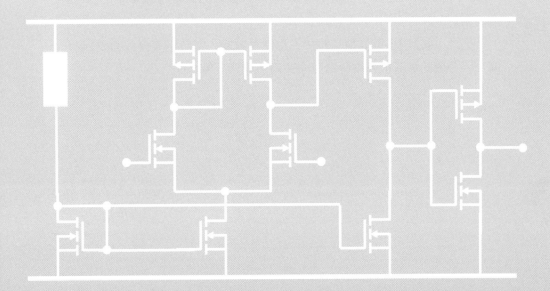

電的性質

身邊的電

　　電是我們日常生活中不可或缺的東西。冰箱、電視、電腦、冷氣機等附有插座的電器全都是使用電的動力來驅動。此外，手機、收音機、遙控器、掌上型遊戲機等藉由乾電池或充電電池來驅動的物品也是相同原理。這樣一想，就可以知道我們生活中需借助許多用電的產品。

透過電壓傳送的電

　　在小學的實驗中，您是否做過點亮小燈泡或讓馬達轉動的實驗呢？在這些實驗中必須讓乾電池等產生「電壓」。

　　電壓是指用來將電傳送至小燈泡或馬達的壓力。將乾電池連接小燈泡後，藉由電壓，電會從乾電池的正端子傳送電至小燈泡，並回到乾電池的負端子（圖1-1-1）。

電的流動稱為電流

　　像這樣電的流動稱為**電流**。電流會從電壓高處流向電壓低處。例如，將2個小燈泡縱向連接，也就是**串聯**，這時2個燈泡都會流過同樣大小的電流（圖1-1-2）。

　　另外，將2個小燈泡橫向連接，也就是**並聯**，這時電流會分開成2個方向，將分開的電流加起來會跟原來的電流相同（圖1-1-2）。

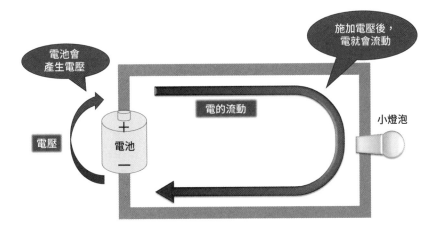

圖1-1-1 電壓與電流的關係

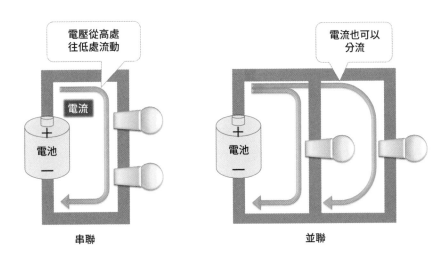

圖1-1-2 串聯電路與並聯電路

容易通電與不容易通電的物質

導體

為了讓電從乾電池流至小燈泡，需要電的通道，也就是導線。容易通過電的物質稱為**導體**，由導體製作的線稱為**導線**。

導體多為銅、鋁、金等金屬，導線則通常使用銅或鋁製成。此外，價格非常昂貴且稀少的金因為容易加工，也被使用於可聚集許多電路的小晶片上，即**積體電路**（IC：Integrated Circuit）上（圖1-2-1）。

絕緣體

如果只用容易通電的物質製作導線將會造成許多危險的事情。例如，從乾電池的正端子連接電燈的導線，一旦和電燈連接乾電池負端子的導線接觸，則大電流會從乾電池的正端子流向負端子。這種現象稱為**短路**。若流過大的電流，則導線或乾電池會發熱而造成破裂或漏液，非常危險。

因此，會使用不容易通電或稱**絕緣體**的材料來覆蓋導體的周圍（圖1-2-2）。這樣即使導線互相接觸也不會造成短路。絕緣體有橡膠、玻璃、紙等。但是，這也僅是電「不容易流通」而已，即使是絕緣體，若施加高壓電流還是會流通，因此觸摸加上高壓的電線等也是非常危險的事。

半導體

電的流動難易度介於導體與絕緣體之間的物質稱為**半導體**。半導體材料有矽與鍺等，被使用做為積體電路的材料。半導體可以讓電流通或停止。藉由這種特性，可以用來放大訊號或做為開關使用。**電子電路**即是利用這種功能。

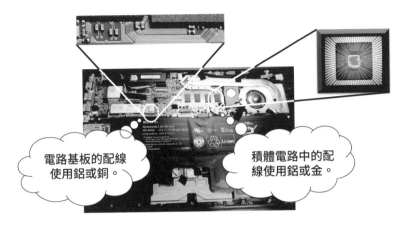

圖 1-2-1 身邊使用的導體

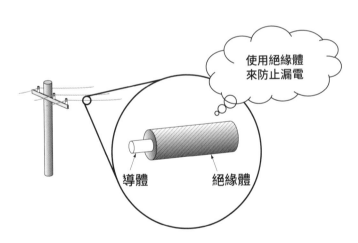

圖 1-2-2 導體與絕緣體

1-③

電的真實面貌

電、電荷、電子

電量的大小稱為**電荷量**。將物質分解後會成為分子，再將分子分解則成為原子。原子是由帶有正電荷的**質子**，與帶有負電荷的**電子**，及不帶電荷的**中子**所構成。在電子電路中處理的電為「電子」。1個電子大約帶有 1.60×10^{-19} C （庫侖）大小的電荷量。

電荷與電流的關係

在有關電子流動的基本概念上，電流的定義非常重要，請務必記住。**電流**是表示每秒通過的電荷量。如圖1-3-3，只要計算通過導線的電子數即可知道電荷量。將此電荷量除以時間，計算每秒通過的電荷量即可算出電流。

電流的定義

$$\text{電流 } I = \frac{\text{電荷量 } Q}{\text{時間 } t}$$

電流是指每1秒通過的電荷量

例如，每1秒通過60兆個的電子時，60兆為 60×10^{12}，因此
電荷量 $Q = 60 \times 10^{12}$ [個] $\times 1.60 \times 10^{-19}$ [C] $\simeq 10 \times 10^{-6}$ [C]
將此除以1秒即是電流。

$$\text{電流} = \frac{10 \times 10^{-6} \text{ [C]}}{1 \text{ [秒]}} = 10 \times 10^{-6} \text{ [A]}$$

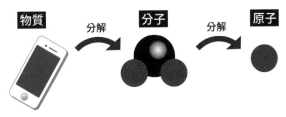

圖 1-3-1 將物質分解後成為原子

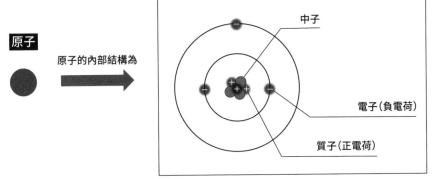

圖 1-3-2 原子是由質子、電子、中子所構成

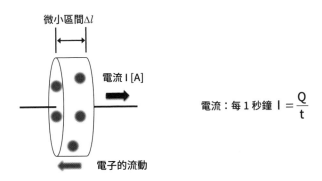

$$電流：每 1 秒鐘 I = \frac{Q}{t}$$

在 t 秒內合計通過 Q[C] 的電荷

圖 1-3-3 電流的定義

電能的轉換

電的轉換

燈泡或LED會將電轉換成光。除了轉換成光以外，電還可以轉換成動力、聲音、熱能等。因此，電可以使用於各種不同的場合。

例如，在電風扇或迷你四驅車中的可動部分是將電轉換成動力。而轉換成聲音的有喇叭，轉換成熱量的有被爐、電暖爐等（圖1-4-1）。

從光、動力、聲音轉換成電

前面說明了可從電轉換成光、動力、聲音，而其反向也可成立。例如，利用太陽光製造電的太陽電池是將光能轉換成電能。此外，在發電廠中是將渦輪的動能轉換成電能（圖1-4-2）。

另外還有發電以外的使用方式。例如，講電話時，將人的聲音轉換成電的訊號（圖1-4-3）；使用數位相機拍攝照片時，將外面的光線轉換成電的訊號並儲存為電子數據。

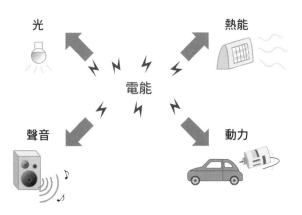

圖1-4-1 電能的轉換

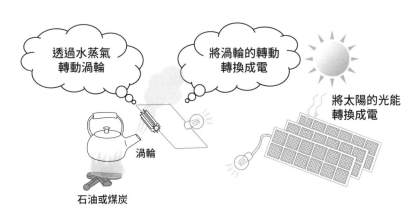

圖1-4-2 火力發電（熱能→動力→電）與太陽能發電（光→電）

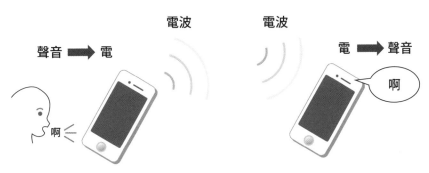

圖1-4-3　行動電話通話時之電的轉換

1-⑤

電與電路與資訊

電與電路

透過電，可以將昏暗的場所照亮，也能在寒冷的地方暖和地生活。這是因為可以將電能轉換為光或熱的緣故。

電非常的方便，但是將家裡插座的電直接連接LED或電熱線（電暖爐內會變熱的部分），則會造成元件損壞或無法達到想要的亮度或溫度。

然而，只要使用電路，即可控制電量並調整LED的亮度或電暖爐的溫度（圖1-5-1）。

電氣電路與電子電路

像這種電會流動的電路稱為**電氣電路**。電子電路也與電氣電路相似，電子電路的特徵是會使用半導體。如果使用半導體的放大功能，可將小訊號變大，即可製作音樂播放器或收音機。此外，如果使用開關功能，可進行邏輯運算等計算，即可製作電子計算器或電腦等。

加上資訊變得多功能化

只利用電路即可實現各種功能，但是在電路上再加上資訊，可以執行更多的功能。具體來說，稱做**程式設計**。如果在微電腦上寫入程式（用來驅動電路的命令），可透過簡單的電路進行複雜的動作。

例如，如圖1-5-2所示的線條追蹤器，會檢測光的亮度，並依照其亮度，透過程式來判斷是黑或白，程式會向電子電路發出「向右轉」等命令，並沿著黑線行走。

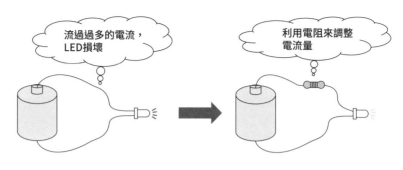

圖**1-5-1** 透過電路來操控電

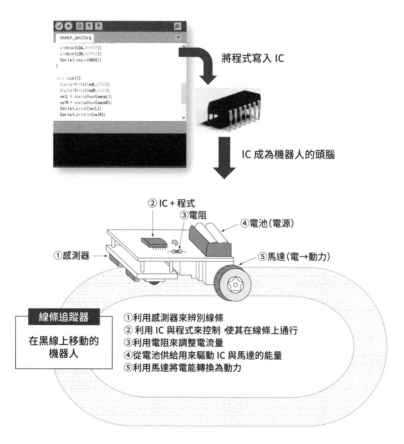

將程式寫入 IC

IC 成為機器人的頭腦

② IC + 程式
③ 電阻
④ 電池(電源)
① 感測器
⑤ 馬達(電→動力)

線條追蹤器

在黑線上移動的
機器人

① 利用感測器來辨別線條
② 利用 IC 與程式來控制 使其在線條上通行
③ 利用電阻來調整電流量
④ 從電池供給用來驅動 IC 與馬達的能量
⑤ 利用馬達將電能轉換為動力

圖**1-5-2** 程式與電子電路的功能

請遵守額定規格

我以前曾經用手指頭捏著電阻，並直接施加高的電壓在電阻上。隨著「嚓」的聲音，我的指尖感到劇烈疼痛，看到指尖上的電阻已經燒焦。這是我開始意識到「額定規格」的瞬間。

這個電阻是一般市售的1/4 W碳膜電阻，因此最高可以使用至1/4 W（0.25 W）的功率，如果超過，電阻就會變黑或熔掉。像這樣零件可以使用的限度值即為額定規格。電子電路中使用的零件，其功率、電壓與電流等都有**額定規格**。如果沒有在額定規格的範圍內使用，則可能不會動作或導致零件壽命變短。

不過，依據我的經驗，如果稍微超過額定規格，電阻並不會一下子燒焦。我當時拿的是10Ω的電阻，並加上10V的電壓。其功率是10W，也就是額定規格的40倍。零件有絕對不可以超過的值，這個值稱為**最大額定值**。即使只稍微超過最大額定值，零件就會熔化或無法使用。所以在製作電子電路時請特別注意額定規格與絕對最大額定規格。

第 **2** 章

「簡單！」 電氣電路的基礎

為了理解電子電路，我們需要知道電氣電路的基本法則。本章將針對表示電壓與電流關係的歐姆定律與克希荷夫定律進行說明，讓讀者在腦中對於電壓、電流與電阻的性質與動作有一個基本概念。無論設計如何複雜的電路，都需要有電壓、電流與電阻的基本概念。

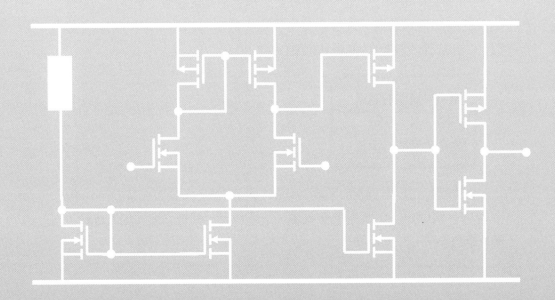

直流電壓與交流電壓

直流與交流

電壓或電流都有「直流」與「交流」2種。直流是以固定的量往固定方向流動的電,如同河川流動的樣子。另一方面,交流則是週期性地往雙方向流動的電,如同盪鞦韆時的樣子。

直流電壓

電視的遙控器或時鐘等使用的乾電池為直流電壓。直流電壓維持固定的電壓,不隨時間變化。在電子電路中,將直流電壓做為能源使用,可以執行各種功能。電路的特性可能因直流電壓而改變,因此直流電壓在電子電路中非常重要。

交流電壓

日常生活可見的交流電壓如插座的電壓。在電子電路中,使用直流電壓的能源,並變化成交流電壓的大小與形狀。

交流電壓與直流不同,電壓會隨著時間變成正的或負的(圖2-1-3)。正與負的電壓以固定的週期交互出現,稱為**正弦波**。正與負的電壓出現的時間稱為**週期**,每秒正負出現的次數稱為**頻率**(單位為Hz(赫茲)),此外,週期T的倒數為頻率f。

> **頻率與週期的關係**
> 頻率 = 1 / 週期
> 頻率為週期的倒數

大家都知道日本插座的電壓為100V,但實際上,最大值為$\sqrt{2} \times 100V$ =141V。這個100V的值稱為**有效值**,簡單地說,就是「換成直流電壓時的電壓值」。

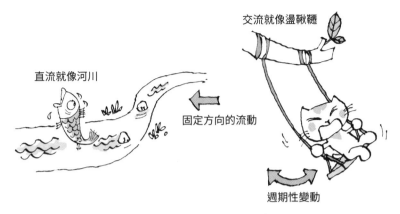

交流就像盪鞦韆

直流就像河川

固定方向的流動

週期性變動

圖2-1-1 直流與交流的示意圖

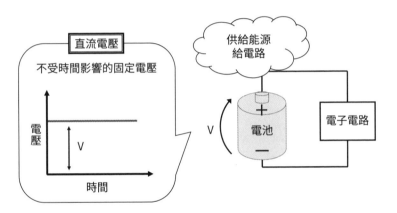

供給能源
給電路

直流電壓

不受時間影響的固定電壓

電壓

V

時間

電池

電子電路

圖2-1-2 直流電壓是電路的能量來源

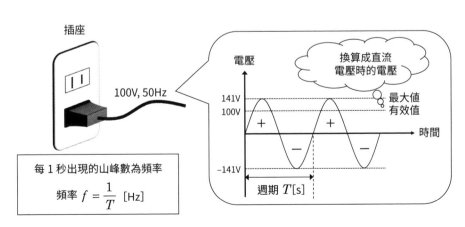

插座

100V, 50Hz

每 1 秒出現的山峰數為頻率

頻率 $f = \dfrac{1}{T}$ [Hz]

電壓

換算成直流
電壓時的電壓

141V

100V

最大值

有效值

時間

−141V

週期 T[s]

圖2-1-3 插座的電為交流

2-②

交流的表現與有效值

交流的表現

交流電壓會隨著時間而改變電壓。在某個時間點的瞬間電壓稱為**瞬間值**。交流的瞬間值如圖2-2-1所示，可用sin函數來表示。

交流電壓的表示方式

> **交流電壓的表示方式**
> 交流電壓的瞬間值v(t)＝電壓的最大值V×sin ωt
> 交流電壓的瞬間值以sin函數表示

在此，ωt表示sin函數的角度 θ ，呈現電壓隨時間變化的狀態。

有效值

如同2-1節的說明，插座的電壓最大值為141V，是有效值100V的$\sqrt{2}$倍。為什麼要表示這樣的數值呢？因為交流電壓的電壓隨時都在變化，如果取其平均值，則是0 V。這樣並無法表示交流電壓的大小。

因此，如圖2-2-2，將所有電壓移動至正側，並取其平均值。這樣雖然是交流電壓，也可以像直流電壓一樣，以固定的電壓值來處理。另外，將最大值V除以$\sqrt{2}$即可得出交流電壓的有效值。

> **交流電壓的有效值**
> 有效值 ＝ $\dfrac{最大值}{\sqrt{2}}$
> 交流的有效值為最大值除以$\sqrt{2}$

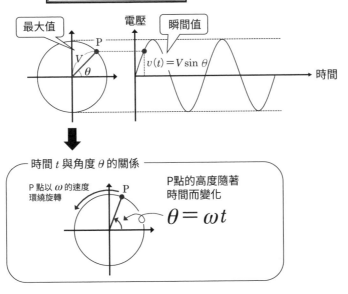

交流可用 sin 函數表示

最大值

電壓

瞬間值

P

V

θ

$v(t) = V \sin \theta$

時間

時間 t 與角度 θ 的關係

P點以 ω 的速度
環繞旋轉

P

P點的高度隨著
時間而變化

$$\theta = \omega t$$

圖 2-2-1 正弦波的表現（$\sin \omega t$）

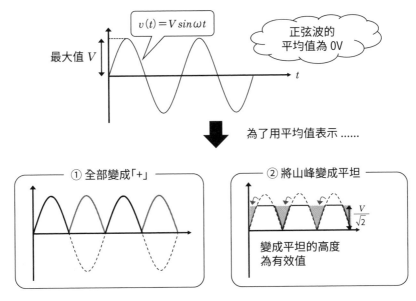

$v(t) = V \sin \omega t$

最大值 V

正弦波的
平均值為 0V

t

為了用平均值表示......

① 全部變成「+」

② 將山峰變成平坦

$\dfrac{V}{\sqrt{2}}$

變成平坦的高度
為有效值

圖 2-2-2 有效值的算法

2-③

電壓與電位

電壓與電位

在電子電路中經常使用「電位」這個名詞。**電位**相當於在物理中所說的位能的位置。表示從基準電位（0V）的地點算起，位於幾V的位置。

讀者可能在教科書中看過電氣電路的水流模型（圖2-3-1）。如同水從高處流往低處一樣，電流也是從電位高處流往電位低處。並且將地面視為0V。另外，把視為0V的地面稱為**接地端**（GND）。

電流藉由電池從GND被拉升至電源電壓上，並透過電阻再掉落至GND上。在電氣電路與電子電路中思考電流的流動時，如果在腦中有這樣的概念會比較容易理解。

此外，2個電位的差稱為**電位差**。例如，圖2-3-2的P點與Q點的電位各為1.5V與1.0V，因此P點與Q點的電位差VPQ為1.5V–1.0V ＝ 0.5V。

有電位意識的電路圖畫法

一般是將電路圖畫成如圖2-3-3（左）。但是，也有人將電子電路畫成如圖2-3-3（中央與右），所以也請記好這種畫法。將電池的正端子配置在最上方，負端子（GND）配置在最下方，將電池本身省略。此時的V表示電位（從GND算起的電壓）。

如果是圖2-3-3（右）的畫法，容易想像成電流由上往下流的樣子。電路設計者經常使用圖2-3-3（右）的電路圖，因為這種方式比較容易理解電路的動作。本書也是使用這種方式，請盡早習慣。

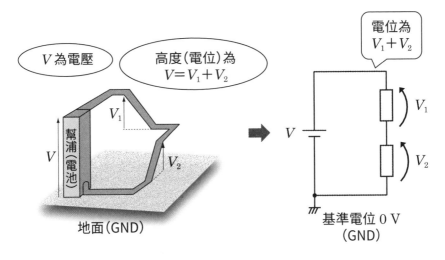

圖2-3-1 電壓與電位的關係

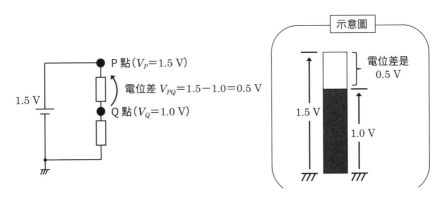

圖2-3-2 電位與電位差

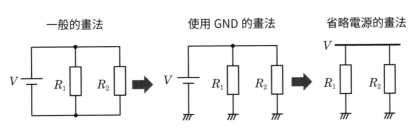

圖2-3-3 省略電源的電路圖

電源

電子電路中必要的電源

使用電子電路,可以做各式各樣的事情,包括讓聲音變大、讓LED發光,或是進行計算等。只是,電子電路是藉由電能來動作,因此必須將電能供給至電路。**電源**是供給電能至電路並協助其動作之非常重要的電路(圖2-4-1)。

另外,對電路供給必要電能的電路稱為**電源電路**。第5章將介紹簡單的電源電路。

電壓源與電流源

電源分成2種,即產生電壓的「電壓源」與產生電流的「電流源」。身邊常看到的電壓源為乾電池(圖2-4-2)。

電壓源是控制電壓的電源,有產生固定電壓或產生交流電壓的電源。

電流源是控制電流的電源。電壓源如同是控制讓電子移動的「動力」,而電流源則如同是控制電力的「流量」。雖然一般人不常看到電流源,但它經常被使用在電子電路中。這是因為我們常將電晶體這個電子電路中最重要的元件做為電流源來使用(參照第3章)。為了要理解使用電晶體的電子電路,這是務必要先具備的知識。

電路符號

電源的電路符號的畫法有好幾種,但本書僅使用圖2-4-3所示的記號。由於經常會使用,請好好記住。

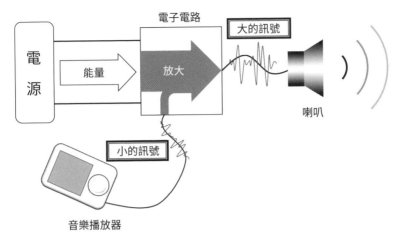

圖 2-4-1 電源的能量

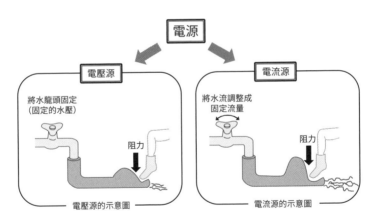

圖 2-4-2 電壓源與電流源的示意圖

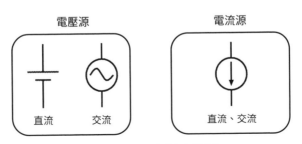

圖 2-4-3 電源的電路符號

2-⑤

歐姆定律

何謂歐姆定律

在電路分析中，幾乎所有使用的公式都是以歐姆定律為基礎而建立。這是一個最重要的定律，請確實地理解這個定律。

歐姆定律是德國物理學家歐姆（Georg Simon Ohm）在實驗中發現的定律。也就是「電流I與電壓V成正比」。

> **歐姆定律**
>
> 電流I ＝ 比例常數 $\dfrac{1}{R}$ ×電壓V
>
> 電流與電壓成正比

R表示電的流動難度，稱為**電阻**。電阻的單位為 Ω（歐姆），是以發現者的名字來命名。

歐姆定律可以用各種形式來表示。可以依據您想要求取的目標來分別使用。

$$V = RI$$
$$R = \frac{V}{I}$$

可從電阻的物理現象來想像歐姆定律

如圖2-5-1，在電阻上施加電壓後，電子會在電阻中移動。而在電阻中，由於原子會妨礙電子的移動，使電子不易移動。這種移動的難度就用電阻R來表示，R愈大，電流則愈小。

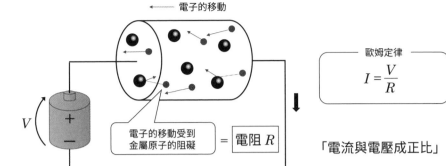

圖2-5-1 歐姆定律

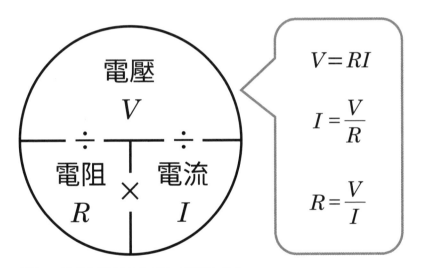

（註）用手指蓋住需要求取的目標，即可得知公式。

圖2-5-2 歐姆定律的變形

克希荷夫定律

何謂克希荷夫定律

　　為了要理解電路的動作，除了歐姆定律外，還必須知道克希荷夫定律。克希荷夫定律有第一定律與第二定律。前者是有關電流的定律，所以稱為**電流定律**（**KCL**：Kirchhoff's Current Law），後者是有關電壓的定律，所以稱為**電壓定律**（**KVL**：Kirchhoff's Voltage Law）。如果稱為第一定律與第二定律，不容易理解各自代表何種定律，因此在本書中稱為KCL與KVL。

KCL（電流定律、第一定律）

　　接著具體地來說明KCL。如圖2-6-1，將電池連接2個電阻時，從電池流出的電流I在節點A會分成I1與I2。KCL指此時的電流I1與I2的合計會等於I。與水流在中途分成2股水流一樣，原來的水量等於分流後水量的合計。在想像電流時，像這樣用水量來想像就會比較容易理解。

> **KCL**
>
> 流入的電流I ＝ 流出的電流的總和（$I_1 + I_2$）
>
> 流入電路接點的電流與流出的電流是相等的

KVL（電壓定律、第二定律）

　　幫浦，電阻如同是斜坡。幫浦打上來的水經過R1與 R2 ，下降會再回到幫浦。也就是說，從幫浦下方開始的水（高度0 m）回復至原來的高度（0 m）。與實際的電路相同，從電池的負端子開始的電壓（0 V）因電阻而電壓下降，而回復到原來的電壓0 V。當您在想像電壓下降（施加在電阻上的電壓）時，在腦中想像這個模型就很方便（圖2-6-2）。

> **KVL**
>
> 一整圈電路的電壓 〔V- (V$_1$ + V$_2$) 〕= 0
>
> 環繞電路一圈時的電壓和為 0
>
> * 電池的電壓與電阻的電壓下降的方向相反，因此附上「-」符號。

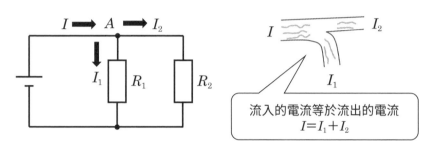

圖 2-6-1 KCL 的示意圖

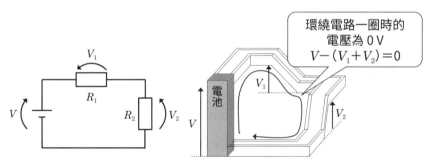

圖 2-6-2 KVL 的示意圖

2-7

合成電阻

何謂合成電阻

電子電路中會出現許多連接電阻的電路。然而，電阻數目愈多則計算愈複雜。例如，如圖2-7-1，連接電阻時，為了算出各個電阻流過的電流，必須解3個聯立方程式。電阻數目愈多，則方程式的數目也增加，因此盡量減少電阻的數目可以簡單地進行分析。

如果使用合成電阻，則可將多個電阻看成是1個電阻，因此請務必學會計算合成電阻。

串聯電阻

縱向排列的電阻稱為**串聯電阻**。電阻會妨礙電流的流動，因此如果縱向排列，則電流更加不易流動。因此，將串聯電阻視為1個電阻，就等於將2個電阻加總成的電阻。

> **串聯電阻的合成電阻** $R = R_1 + R_2$
> 合成電阻 $R = $ 電阻的總和（$R_1 + R_2$）
> 串聯電阻的合成電阻等於串聯連接電阻的總和

串聯電阻是在要製作更大的電阻或分配電壓時使用。

並聯電阻

橫向排列的電阻稱為**並聯電阻**。此時，由於電流的流通路徑增加，所以可以流過更大的電流。因此，並聯電阻的合成電阻比只有1個時更小。並聯電阻的合成電阻等於是將各別電阻的倒數加總值的倒數。

並聯電阻的合成電阻 $\frac{1}{R}=\frac{1}{R_1}+\frac{1}{R_2}$

合成電阻的倒數 $\frac{1}{R}$＝電阻的倒數的總和 （$\frac{1}{R_1}+\frac{1}{R_2}$ ）

並聯電阻的合成電阻可用電阻之倒數的總和來計算出

並聯電阻是在要流動更大的電流時或分配電流時使用。

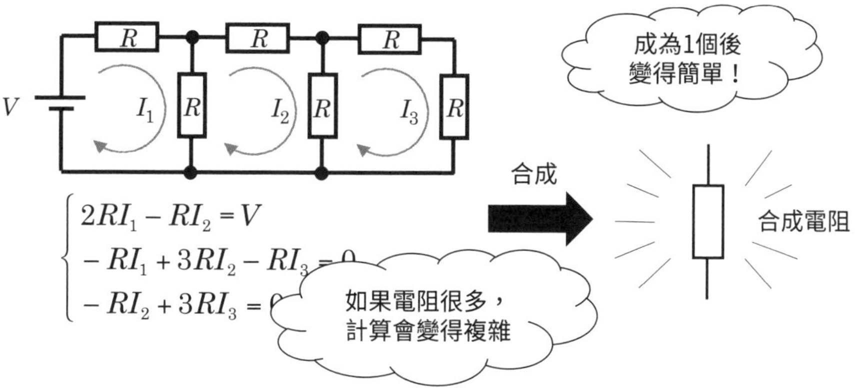
R
V
I1
I2
I3
成為1個後
變得簡單！
合成
合成電阻
2RI1 − RI2 = V
− RI1 + 3RI2 − RI3
− RI2 + 3RI3 =
如果電阻很多，
計算會變得複雜

圖 2-7-1 合成多個電阻並彙總成 1 個電阻

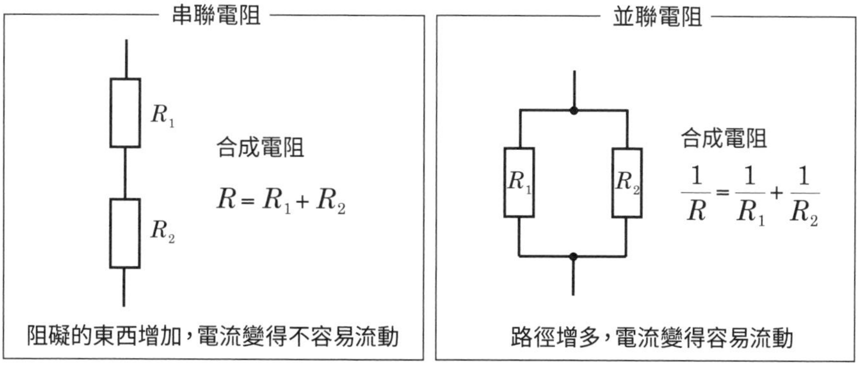
串聯電阻
R1
R2
合成電阻
R = R1 + R2
阻礙的東西增加，電流變得不容易流動
並聯電阻
R1
R2
合成電阻
1/R = 1/R1 + 1/R2
路徑增多，電流變得容易流動

圖 2-7-2 串聯電阻與並聯電阻的合成電阻

電導

何謂電導

電阻的倒數稱為電導。電阻是表示電流動的困難度,而電導則是表示電流動的簡易度。也就是說,電導愈大則電愈容易流動,愈小則愈不容易流動。

例如,1kΩ電阻的電導為

$$G = \frac{1}{1k\Omega} = 1mS$$

表示電阻的記號為〔R〕,而表示電導的記號則為〔G〕。另外,電導的單位為「S(西門子)」。

使用電導的並聯電阻的表示方式

如果使用電導,可用更簡易的公式來表示合成電阻。

> **用電導表示並聯電阻的合成電阻** $R = \dfrac{1}{G_1 + G_2}$
>
> 合成電阻 R = 電導總和的倒數 $\dfrac{1}{G_1 + G_2}$
>
> 並聯電阻的合成電阻可用電導總和的倒數來算出。

電子電路中會出現許多並聯電阻。因此,在電子電路中,電導是相當方便的思考方式,請務必記住。

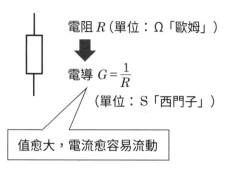

電阻 R（單位：Ω「歐姆」）

電導 $G = \dfrac{1}{R}$

（單位：S「西門子」）

值愈大，電流愈容易流動

圖2-8-1 電阻與電導的關係

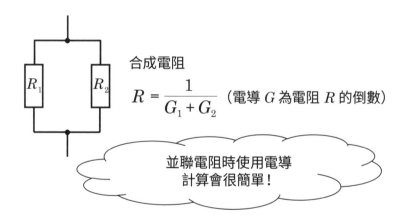

合成電阻

$$R = \dfrac{1}{G_1 + G_2}$$（電導 G 為電阻 R 的倒數）

並聯電阻時使用電導
計算會很簡單！

圖2-8-2 使用電導之並聯電阻的合成電阻

2-⑨

功率與能量

在電路中消耗的能量

當我們使用智慧手機時，通常會在意「還可以使用多少時間？」。電子設備可使用的時間取決於儲存在電池中的電量與在電路中消耗的電量。

電路中消耗的能量是用**功率**來定義，單位為W（瓦特）。功率表示「每單位時間的工作量」，W（瓦特）＝ J/s（每秒焦耳）。

在電路中所消耗的功率稱為**消耗功率**，消耗功率愈小的電子電路，愈可以長時間使用。因此，智慧手機等使用的電子電路都設計成可利用小功率來動作。

電路中能量消耗的原因為電阻。在電阻內金屬原子會阻礙電子的流動，而此阻礙會產生能量。這種能量會轉換成熱而擴散到外部。電阻所消耗的功率是由電阻值、電流與電壓來決定。

功率為電壓與電流的乘積

功率為電路中消耗的電量。功率P與電壓V、電流I具有以下的關係。

> **功率**
> 功率P ＝ 電流I ×電壓V
> 壓力愈大，流過的電子愈多，則消耗的功率愈多

另外，也可使用歐姆定律將公式變形。

$$P = IV = I^2R = \frac{V^2}{R}$$

$P = I^2R$ 表示若大電流流過大的電阻，則電阻上消耗的功率也會變大。

38

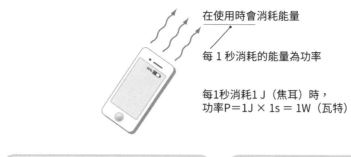

在使用時會消耗能量

每 1 秒消耗的能量為功率

每1秒消耗1 J（焦耳）時，
功率P＝1J × 1s ＝ 1W（瓦特）

電流

電流

電波

電流流過元件時
會消耗能量

從天線釋放電波時
會消耗能量

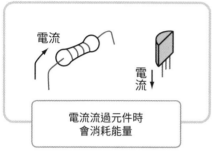

P

I

V

電壓愈高，流過的電流愈多，
則消耗的功率愈多

$$P = IV$$

透過歐姆定律
來變形

因為 $V = RI$，所以

$$P = I^2 R$$

因為 $I = \dfrac{V}{R}$，所以

$$P = \dfrac{V^2}{R}$$

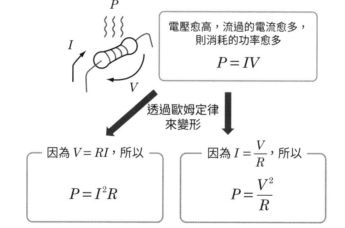

圖2-9-1 功率的消耗

數學為便利的工具

當我們學習數學時，會覺得數學是一門很難的學問。而當教導小學生算數時，則會覺得「如果有數學的話，就能簡單地說明啊～」。例如，「1個100日圓的蘋果與1個200日圓的桃子，A先生共買了5個，合計金額為700日圓。請問A先生各買了幾個100日圓的蘋果與200日圓的桃子？」要向小學生說明這個問題的解法是很困難的。然而，若將蘋果的個數設為x，桃子的個數設為y，建立一個聯立方程式，即可簡單求解。

在學習電子電路時也相同，如果善用數學，即可簡單地理解。由於眼睛無法看到電流流動或電壓的大小等，用頭腦想像畢竟有其極限。如果將電流與電壓各設為I與V，用算式來計算即可簡單地求解。如果深入地學習電子電路，則幾乎必須使用「矩陣」、「微積分」、「向量」等高中學過的數學。只是，大部分的情況只是單純的計算而已。數學是一種便利的工具，請各位抱持著這種意識來學習電子電路。

第 **3** 章

「簡單！」
電路元件的基礎

　　在學習電子電路時，會出現各種不同的電路元件。
如果不知道元件的動作、特徵與電路符號等，則無法理
解電路的動作。尤其是在電子電路中，如果不知道半導
體元件的構造，則很多東西會無法理解。本章將說明包
括電氣電路中經常使用的電阻與電容等元件，及半導體
元件與感測器。

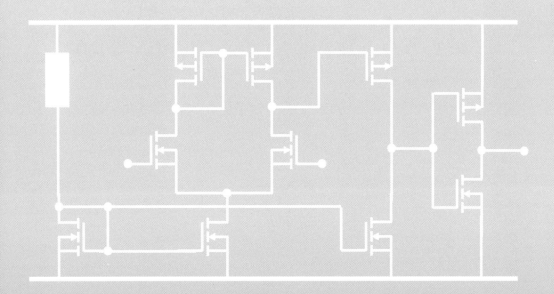

3-①

用來製作電子電路的零件

用來製作電子電路的零件

電子電路中，有放大或演算等各種動作。為了執行這些動作，會使用電池或電阻等各種零件來巧妙地控制電壓與電流。在電子電路中將這些零件稱為**電路元件**。

各式各樣的電路元件

在電子電路中，為了執行各種功能，會使用各式各樣的元件。本章將介紹表3-1-1所示的電路元件。但是，電子電路中所使用的元件種類非常多，因此本書將焦點放在基本電子電路中經常使用的元件。請好好記住表3-1-1中的元件名稱及電路符號。

另外，有實體物品應該比較容易記住，圖表裡也附上實體的照片。如果不小心忘記了名稱與電路符號，請再看一下這個表來喚起記憶。

被動元件與主動元件

電路元件可以分類為**被動元件與主動元件**。被動元件會遵循歐姆定律，將輸入的訊號進行輸出。

另一方面，主動元件可由電源供給能量，將輸入訊號放大或變形。在電子電路中，巧妙地組合被動元件與主動元件，可以執行各式各樣的功能。

表 3-1-1 電子電路中使用的元件

元件名稱	電路符號	照片	元件分類
電阻			被動
電容			被動
線圈			被動
二極體			主動
雙極性電晶體	npn 型　　　　pnp 型		主動
FET	n 型　　　　p 型		主動
運算放大器			主動
LED			主動
光電感測器 （光電二極體）			主動

「簡單！」電路元件的基礎

3-②

電阻的功能與動作原理

功能

電阻是一種阻礙電子流動的元件，用來控制電流。流動的電流由電阻值的大小來決定，將多個電阻並聯連接可以將電流**分流**。另外，電流流過電阻會產生電壓下降。電壓下降的大小與電阻值成正比，因此，將多個電阻串聯連接可以將電壓**分壓**（圖3-2-1）。

動作原理

電阻中有許多金屬原子。施加電壓在電阻上，則電子會在電阻內部流動。此時電子會碰撞金屬原子，其移動會受到阻礙。這就是**電阻**，這種阻礙愈多，則電阻愈大。另外，原子與電子碰撞時會產生熱。這就是在電阻中所消耗的功率（圖3-2-2）。

種類

電阻依據用途有各式各樣的形狀與大小（表3-2-1）。在電子製作中較方便取得的電阻稱為**引線電阻**。而其中又以碳膜電阻價格最低，因此經常使用。但是，碳膜電阻的電阻值有5%左右的誤差，因此在需要高精準度的電路中會使用價格稍貴的金屬皮膜電阻。

其他還有使用於小型電子設備的**晶片電阻**。由於面積非常小，可以用極小面積來製作電子電路。但是，其銲接較為困難，在還不熟練時，請使用引線電阻。

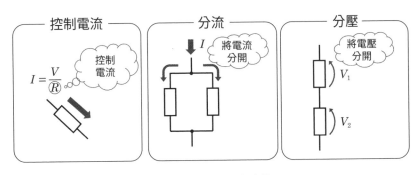

圖3-2-1 電阻的功能

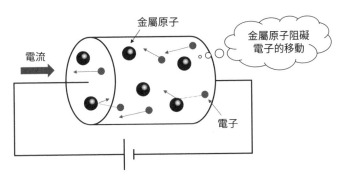

圖3-2-2 電阻的動作原理

種類	引線電阻	晶片電阻	繞線電阻	可變電阻
特徵	容易取得且銲接容易。其中有低價精準度低的與高價精準度高的引線電阻。	體積非常小，適合小型電子設備。銲接很困難，不適合初學者。	可承受高功率的電阻。使用於大電流流過的電路等。但是，由於體積大且容易發熱，在配置上需要注意。	可改變電阻值的電阻。使用於音量調整器等。
照片				

表3-2-1 電阻的種類

分散不連續的電阻值

市售的電阻器是以1Ω、2.2Ω、4.7Ω……這樣分散不連續的電阻值來販售。為什麼會以這樣不規則的電阻值來販售呢？

市售電阻器的電阻值是用所謂的E系列來決定電阻的值。E系列又分成E3系列、E6系列、E12系列、……、Ek系列，雖然稍微有點複雜，電阻值是依照如下方式決定。

> **E系列的電阻值**
> 第n個電阻值R_n＝分散不連續程度 $10^{1/k}$×前一個的電阻值R_{n-1}
> k的值愈大，電阻值的間隔愈小

例如，E3系列時，$10^{1/k} \simeq 2.15$，因此電阻值為1.0、2.2、4.7、10、22、47、……。將E系列的數值整理成表，如表3-2-2所示。

對數較容易使用？

以1、2、3、……這樣的順序增加較簡單明瞭，那為什麼要設成如此複雜的電阻值呢？其中一個原因是要將電阻值取為對數關係。在電子電路中使用電阻的阻值非常廣泛，從數Ω到數MΩ。如果要準備從1Ω到1MΩ的所有電阻，將會需要非常龐大種類的電阻。因此，只準備1、2、……、9、10、20、……、90、100、200、……的電阻，像這樣每個位數各準備9個，從1Ω到1MΩ只要準備55個電阻即可。

只是，像這樣以對數來看時不會是直線圖形。因此，依照E系列的電阻值（$R_n = 10^{1/k} \times R_{n-1}$）公式來製作電阻值。如果是E6系列，就如圖3-2-3所示，將縱軸設為對數，就成為直線圖形。這樣就能製作非常廣泛的電阻值。

電阻的誤差

電阻器的電阻值會有誤差。E12系列的話會有±10%的誤差。例如，E6系列的1.0Ω電阻器會分布在0.8Ω到1.2Ω的範圍內。其他的電阻值也一樣會有±20%的誤差，如果考慮這種現象，E系列的電阻可涵蓋所有的電阻值（圖3-2-4）。

E3					
1.0	2.2	4.7			
E6					
1.0	1.5	2.2	3.3	4.7	6.8
E12					
1.0	1.2	1.5	1.8	2.2	2.7
3.3	3.9	4.7	5.6	6.8	8.2

表 3-2-2 E 系列的電阻值

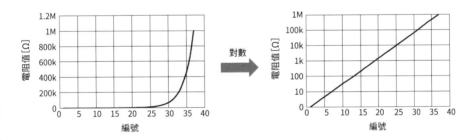

圖 3-2-3 以對數關係增加的電阻值

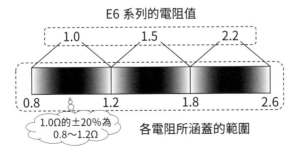

圖 3-2-4 電阻值涵蓋的範圍

3-③

電容器的功能與動作原理

功能

　　電容器是儲存電的元件。如果在電容器的兩端加上電壓，則正電荷與負電荷（電子）會聚集在其兩端。當電容器上充滿電荷時，電子會停止移動，即電流無法流動。

　　因此，如果在電容器上加上直流電壓，在電容器充電之前，電流會流動。但是，當電容器充滿電荷時，電流就會無法流動。

　　另一方面，如果加上交流電壓，由於電壓隨時變化，電容器不會充滿電荷，電流會持續流動。此時，頻率愈高，電流愈容易流動，因此可以將電容器看成是依據頻率而改變電阻值的元件。像這種隨著頻率而改變的電阻稱為阻抗。

動作原理

　　電容器是由2片相對的金屬板所構成。如果金屬板分別連接電池的正端與負端，則正的電荷會聚集在正端，負的電荷會聚集在負端（圖3-3-1）。

> **電容器所儲存的電荷量**
> 電容器的電荷量Q ＝ 靜電容量C × 電容器的電壓V
> 儲存的電荷量是由電容器的容量與施加的電壓所決定

　　如果將電容器想像成一個水桶，就比較容易了解這個公式。電荷量Q相當於裝入水桶的水量，靜電容量C相當於水桶的底面積，而電壓V相當於水桶的高度（圖3-3-2）。此外，靜電容量的單位為F（法拉），靜電容量又稱為**電容值**。請記住這個術語，因為它經常使用於電子電路中。

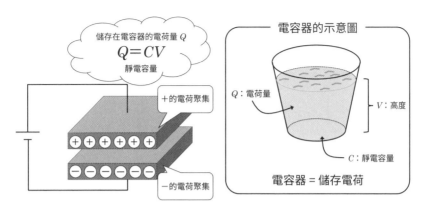

圖3-3-1 電容器的示意圖

> **電容值：**
>
> 電容值C＝電容率ε×$\dfrac{\text{平板的面積 S}}{\text{平板間的距離 d}}$
>
> 電容值是由平板的面積、距離，和之間的物質所決定

　　S是平板的面積，面積愈大則聚集的電荷愈多。d是平板間的距離，2個平板分得愈開則靜電容量愈小。正電荷與負電荷會相互吸引並聚集，但是距離變大後，則吸引力變弱。ε是2個平板間的物質，稱做**電容率**，表示儲存電荷的容易度。電容率是以真空中的電容率ε_0為基準，$\varepsilon_0＝8.854×10^{-12}$F/m。

　　市售的電容器是使用稱為**介電質**的材料，其電容率為 0的數倍到數萬倍，可以儲存許多電荷。這種倍率稱為**相對電容率**（ε_s）（圖3-3-2）。

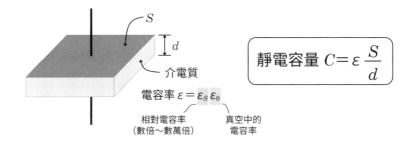

$$靜電容量\ C = \varepsilon\ \frac{S}{d}$$

電容率 $\varepsilon = \varepsilon_S\ \varepsilon_0$

相對電容率　　　真空中的
（數倍～數萬倍）　電容率

圖3-3-2 電容器的靜電容量

電容器的阻抗

電容器中電的流動困難度（阻抗）Zc可用以下公式表示。

> **電容器的阻抗**
>
> $$電容器的阻抗 Zc = \frac{1}{頻率\ (j2\pi f)\ \times\ 靜電容量\ C}$$
>
> 電容器的阻抗與頻率成反比

頻率愈高則電容器的阻抗愈低，因此電容器可說是一種容易通過高頻訊號的元件。

另外，分母中有「j」這個文字，j是表示虛數，j×j＝-1。在數學中是用「i」表示，但是在電子電路中則寫成「j」，來表示這是電流。j表示相位，j在分母時相位偏移 -90°，在分子時相位偏移 +90°。也就是說「如果有電容器等帶j的阻抗，則相位會產生偏移」的意思。

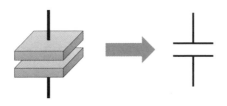

圖3-3-3 電容器的電路符號

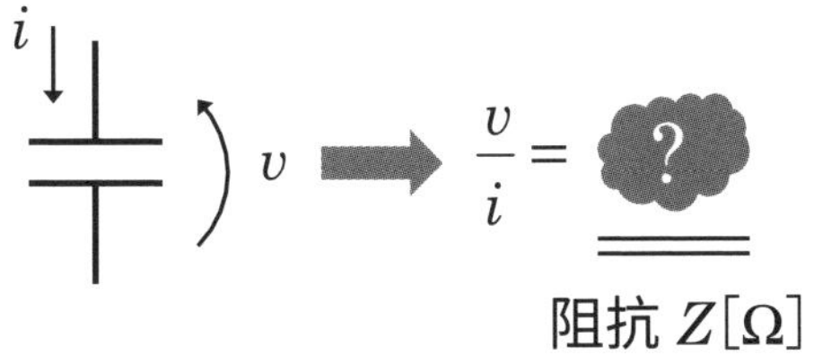

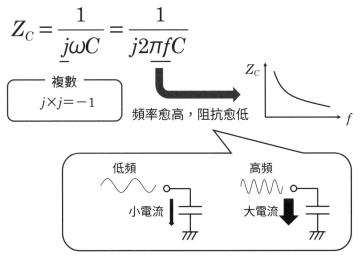

$$\frac{v}{i} = \text{阻抗 } Z[\Omega]$$

圖3-3-4 電容器的電阻值 → 阻抗

$$Z_C = \frac{1}{j\omega C} = \frac{1}{j2\pi fC}$$

複數
$$j \times j = -1$$

頻率愈高，阻抗愈低

低頻　　　　　　高頻

小電流　　　　　大電流

圖3-3-5 電容器的阻抗與頻率的關係

種類

電容器有以下的種類，分別使用於不同的用途。

・電解電容器

・陶瓷電容器

・薄膜電容器

・可變電容器

・雙電層電容器

在電子電路中使用電容器時，請注意以下項目。

51

・容量（與可儲存的電荷量有關（水桶的底面積））
・耐電壓（與可儲存的電荷量有關（水桶的高度））
・溫度特性（靜電容量隨溫度而變化）
・頻率特性（在高頻時，特性會因寄生成分而變化）

　例如，陶瓷電容器具有良好的頻率特性，但是卻無法做到大容量。需要大容量時則使用電解電容器，不過它具有正負極性，因此在使用上需要注意。如果需要更大容量時，則使用雙電層電容器，但是它的耐電壓低，因此不適合會產生高電壓的電路。像這樣，電容器各有其特徵，需要依據用途來選擇（表3-3-1）。

種類	特徵	照片
電解電容器	容量可從數 μF～數千 μF，誤差約 ±20%。具有極性，在使用上需要注意。	
陶瓷電容器	容量從數 pF～數 nF。容量雖小，但有誤差小與耐電壓高的種類。	
雙電層電容器	容量非常大，可從數 F～數千 F，但是耐電壓小，只有數 V。	
晶片電容器	與晶片電阻的形狀相同，使用於小型電子設備。	

表 3-3-1 電容器的種類與特徵

3- 線圈的功能與動作原理

功能

　　線圈是一種抑制電流變化的元件。線圈是用導線製造，因此如果施加直流電壓，就會流過大的電流。另一方面，如果是電流會產生變化的交流電壓，電流就不易流動。因此，頻率愈高，線圈的阻抗會愈大。

動作原理

　　電流流過導線時，在導線的周圍會產生磁場H。此時，會對著電流流動的方向，產生向右旋轉的磁場（圖3-4-1）。這稱為**右手定則**。線圈是將此導線一圈一圈纏繞而成。

　　線圈在電流流過時，與直的導線相同，會在向右旋轉的方向產生磁場。此時，導線纏繞部分的磁場會互相重疊而產生更強的磁場。也就是說，纏繞數愈多的線圈可產生愈強的磁場。另外，為了讓視覺上容易理解，將磁場的強度與方向用線來表示，而成束的磁場稱為**磁束**。

　　線圈如果流過隨著時間變化的電流I(t)，則會產生阻礙其流動方向的電壓。這個電壓稱為**感應電動勢**。感應電動勢V用以下公式來表示。

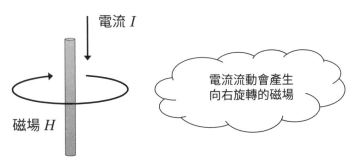

圖3-4-1 電流流動會產生磁場

線圈的感應電動勢

感應電動勢V = 比例常數（-L）×電流的變化量 $\left(\dfrac{dI(t)}{dt}\right)$

電壓產生在與電流的時間變化的相反方向上

比例常數L是稱為**電感**的數值，其單位為H（亨利）。左邊加上負號是表示阻礙電流的變化。另外，L會隨著線圈的形狀等而改變，與導線每1m的圈數的平方成正比。

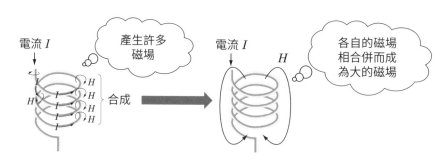

圖3-4-2 將導線一圈一圈纏繞會產生大的磁場

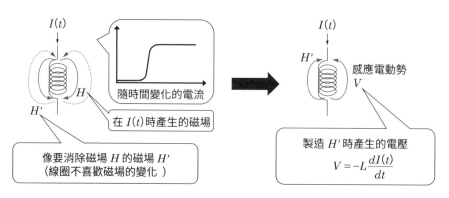

圖3-4-3 線圈上流過隨時間變化的電流就會產生感應電動勢

線圈的阻抗

線圈的阻抗Z_L與電容器的阻抗具有相反的特性，它與電感L與頻率f成正比。

> **線圈的阻抗**
> 線圈的阻抗$Z_L = $頻率（$j2\pi f$）×電感值L
> 線圈的阻抗與頻率成正比

線圈的電感值愈大則電流愈不容易流動，頻率愈高則電流愈不容易流動。這種特性與電阻類似，但是不管電感值L多大，在頻率為0的直流下，阻抗都為0，因此會流過大的電流（圖3-4-5）。

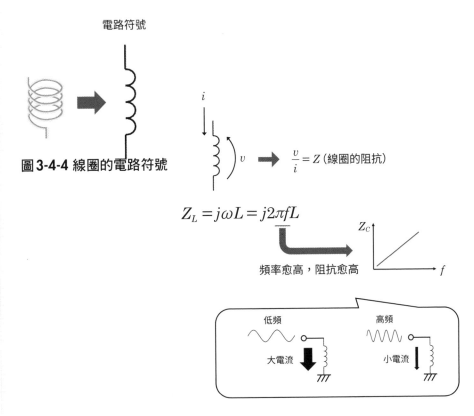

電路符號

$\dfrac{v}{i} = Z$（線圈的阻抗）

圖3-4-4 線圈的電路符號

$$Z_L = j\omega L = j2\pi fL$$

頻率愈高，阻抗愈高

低頻　　　　高頻

大電流　　　小電流

圖3-4-5 線圈的阻抗與頻率的關係

55

半導體的功能與動作原理

功能

半導體具有導體與絕緣體之間的導電率。電子電路中經常使用的電晶體材料就是半導體。只要使用一點小技巧，就可使其做為開關來動作或是將電的訊號放大等。

動作原理

半導體是由矽（Si）或鍺（Ge）等第14族元素所構成。電子電路中使用的半導體大多為矽（Si）所構成。雖然還有其他的半導體材料，本書將只針對矽進行說明。

矽這個原子在最外殼有4個電子。在電子電路中是使用結晶型的矽。當矽結晶時，最外殼的4個電子會與其他矽原子結合。最外殼電子就像手，成為手牽手的樣子。當矽結晶化後就會這樣手牽手，排列得非常整齊。像這樣只由矽所形成的半導體稱為純半導體（圖3-5-1）。

n型半導體與p型半導體

純半導體的電子被用來當做是結合的手，由於可以自由移動的電子不存在，因此電不易流動。為了讓電容易流動，在矽中添加不純物。不純物有2種，一種是最外殼電子比矽多一個的磷（P），另一種是少一個的硼（B）。

在矽中添加少量的磷，則會在矽結晶之間增加磷（P）。矽有4隻手，而磷有5隻手，多了1隻。這個多的電子可以自由移動，因此添加磷的矽結晶變成

容易通電的材質。像這種有多餘電子的半導體中，帶有負電荷的電子會移動，因此取negative的n，稱為**n型半導體**。

另一方面，在矽中添加少量的硼時，硼的手有3隻，因此成為手不夠的狀態。這種不夠的部分稱為**電洞**。當施加電壓時，電子會跑進電洞，而原本該電子所在位置成為電洞。這些動作一直重複，就如同電洞在移動。這個電洞可以視同帶正電荷的電，像這種半導體就取positive的p，稱為**p型半導體**。此外，將n型半導體的電子或p型半導體的電洞（正孔）稱為**載子**（圖3-5-2）。

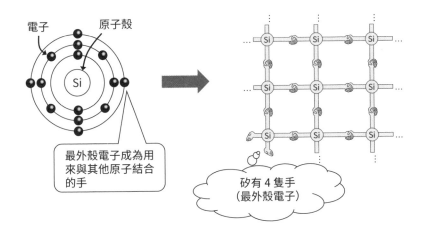

圖3-5-1 矽原子與矽結晶

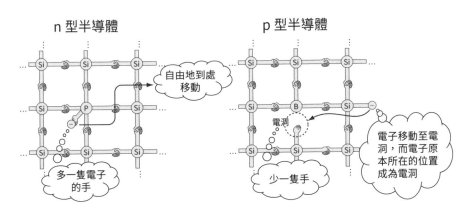

圖3-5-2 n型半導體與p型半導體之載子的移動

3-⑥

二極體的功能與動作原理

功能

　　二極體會依據施加電壓的方向，使電流流動或不流動。利用這種特性，可以只取出交流電壓的正向部分而進行**整流**的功能。整流功能使用於AC轉接器等，可將交流電壓轉換成直流電壓。

　　二極體中電流開始流動的電壓稱為**啟動電壓**。以大於這個啟動電壓的電壓施加在二極體時，電流馬上會流動。因此，如果串聯連接電阻器等，則施加在二極體的電壓幾乎保持固定（圖3-6-1）。利用這種特性，可做為供給固定電壓的定電壓源來應用，使用於電源電路等。

動作原理

　　二極體是結合p型半導體與n型半導體的構造，稱之為**pn接面**。在p型半導體與n型半導體的交界面中，各自的載子（電洞與電子）互相結合，形成幾乎不存在載子的**空乏層**。

順向偏壓

　　在電流流動的方向施加電壓稱為**順向偏壓**。偏壓有「偏向一方」的意思，意味著直流電壓（或直流電流）。

　　順向偏壓時，電池的正端連接p型半導體，負端連接n型半導體。n型半導體為帶有負電荷的電子。在順向偏壓中，從電池的負極可以隨時供給電子至n型半導體。這些電子移動至n型半導體與p型半導體的交界面，與p型半導

　　體帶有正電荷的電洞結合。此時，p型半導體的電洞可隨時從電池的正極來供給，可以與n型半導體的電子持續地結合。這就是順向偏壓下電的流動（圖3-6-2）。

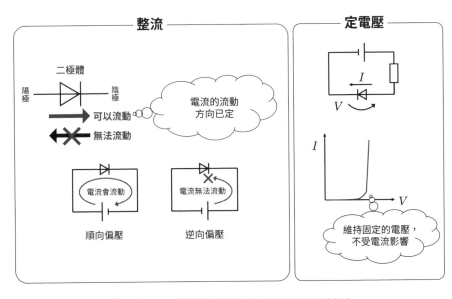

圖3-6-1 二極體的整流作用與定電壓特性

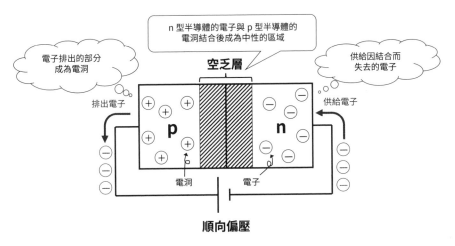

圖3-6-2 順向偏壓下載子的移動

逆向偏壓

逆向偏壓時，電池的正極連接n型半導體，負極連接p型半導體。此時，n型半導體的電子被吸引往電池正極的方向，而p型半導體的電洞則被吸引往電池負極的方向。因此，pn接面空乏層變大，電流變得不易流動（圖3-6-3）。

I-V特性

施加於二極體的電壓V與當時流過的電流I的關係稱為二極體的**I-V特性**。如果順向電壓為正向，且電壓往正向逐漸增加，當超過某個電壓數時，電流會呈現指數級增加。電流開始流動的電壓稱為**啟動電壓**。矽二極體的啟動電壓V_F為0.6～0.7V左右（圖3-6-4）。

另一方面，若電壓在負向逐漸增加，電流幾乎不會流動，但是再繼續施加逆向偏壓，會發生電流大量流動的現象。

半波整流電路

接下來針對利用二極體的整流特性–半波整流電路進行說明。如圖3-6-5，將二極體與電阻連接交流電壓vi。當電壓為正時，施加在二極體上的電壓為順向偏壓，二極體上會流過電流，在電阻上會產生電壓V0。此時，二極體上消耗的電壓只會啟動電壓VF，因此會成立以下的關係。

> **整流電路的輸出電壓** $V_o = v_i - V_F$
> 輸出電壓 $V_o =$ 輸入電壓 v_i – 二極體的啟動電壓 V_F
> 整流電路的輸出電壓只下降 V_F

當v_i為負時，施加在二極體上的是逆向偏壓，因此電流不會在電路上流動，V_o幾乎為0V。

透過重複這一過程，可以只取出正的電壓。以這種方式工作的電路稱為**半波整流電路**。

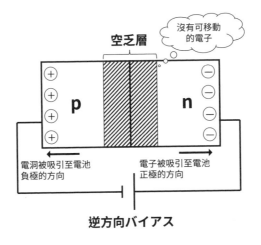

圖**3-6-3** 載子在逆向偏壓時的移動

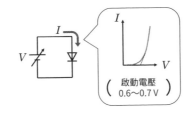

圖**3-6-4** 二極體的電流－電壓特性

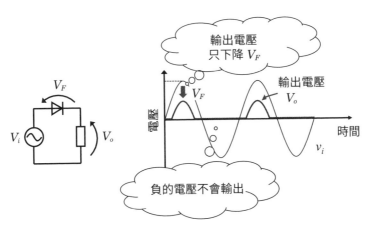

圖**3-6-5** 半波整流電路

3-⑦

雙極性電晶體的功能與動作原理

功能

雙極性電晶體是一種半導體元件，可以將小電流變成大電流。因此，可使用於將小訊號放大的電路中。另外，也可以使電流流動或停止，因此可做為開關來使用於數位電路中。

動作原理

用n型半導體夾著p型半導體所構成的元件稱為**npn型電晶體**，而用p型半導體夾著n型半導體所構成的元件稱為**pnp型電晶體**。雙極性電晶體有3個端子，分別稱為基極、射極、集極。

如果施加電壓在雙極性電晶體的基極–射極間，則順向偏壓施加在pn接面上，基極電流會流動。此時，如果也施加電壓在集極–射極間，則被吸引至基極的射極電子會穿透空乏層，幾乎都跑到集極。這個電流稱為**集極電流**。雙極性電晶體可用小的基極電流來控制集極電流，做為**電流控制電流源**而動作。

靜態特性

靜態特性是表示當輸入直流電壓、電流時，會有怎樣的輸出電壓、電流特性。雙極體具有以下3種靜態特性。

I_B–V_{BE}特性：基極–射極間電壓V_{BE}與基極電流I_B的關係

I_C–V_{CE}特性：集極–射極間電壓V_{CE}與集極電流I_C的關係

I_C–I_B特性：基極電流I_B與集極電流I_C的關係

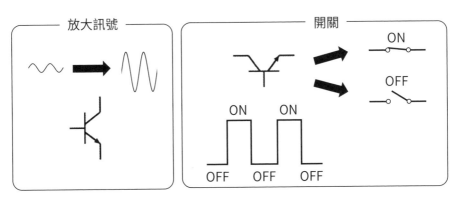

圖 3-7-1 電晶體的放大作用與開關作用

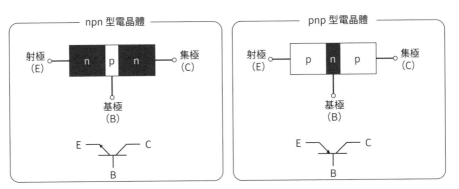

圖 3-7-2 雙極性電晶體的分類

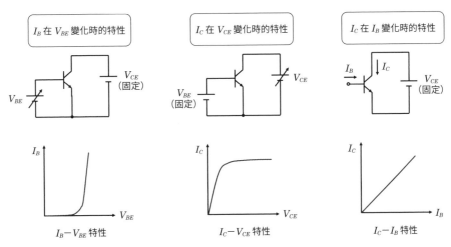

圖 3-7-3 雙極性電晶體的靜態特性

市售雙極性電晶體的型號

市售的雙極性電晶體會有像2SC1815這樣附上英文字母與數字的型號。這種型號如表3-7-1所示，是依照接合型態與用途而決定。

接合型態	用途	型號
PNP 型	高頻用	2SA
	低頻用	2SB
NPN 型	高頻用	2SC
	低頻用	2SD

表 3-7-1 雙極性電晶體的種類與型號

達靈頓電晶體

雙極性電晶體單體的電流放大率h_{fe}為數十倍至數百倍左右，但是將2個雙極性電晶體接合在一起則可具有數千倍的電流放大率。這種接法稱為**達靈頓接法**。

達靈頓電晶體是將達靈頓接法的電晶體放入一個IC內，因此如果使用達靈頓電晶體，可以達成一般電晶體無法達成的放大率。

只是，達靈頓接法需要高的電壓（圖3-7-6）。如果想要用低電壓驅動，要使用組合npn型與pnp型電晶體的異型達靈頓。

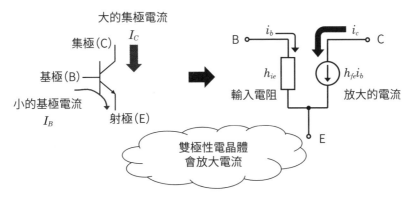

圖**3-7-4 雙極性電晶體為電流控制電流源**

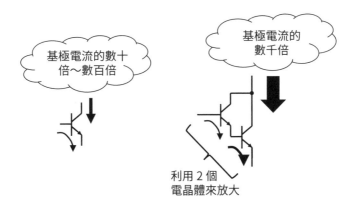

圖**3-7-5 利用達靈頓接法來提高放大率**

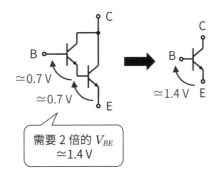

圖**3-7-6 達靈頓接法需要高的電壓**

FET的功能與動作原理

功能

FET（Field effect transistor）與雙極性電晶體相同，都屬於電晶體，是一種利用電壓控制電流的元件。與雙極性電晶體一樣，可用來放大訊號或做為開關使用。雙極性電晶體需要輸入電流，但是FET的輸入端幾乎不會流過電流，因此輸入部的功率損耗很小，這是它的特徵。

此外，其構造簡單，因此非常容易小型化，這也是它的特徵。因此，積體電路（IC）或大型積體電路（LSI）大多由FET所構成。

動作原理

FET有接合型FET（J-FET）與MOS（metal-oxide semiconductor）型FET（MOS-FET）2種。任何一種都是使用於電子電路中的元件，但是目前使用於積體電路（IC）中的幾乎都是MOS-FET，因此本書主要針對MOS-FET進行說明。

MOS-FET有n通道型MOS與p通道型MOS共2種。n通道型MOS是在p型半導體上形成2個小的n型半導體。這2個n型半導體分別稱為**源極**與**汲極**。此外，在源極與汲極間的上部會配置一個稱為閘極的導體。

當施加正電壓在這個閘極上，電子會聚集在閘極正下方，稱之為**通道**。這個通道成為電子的通道，當施加電壓在源極與汲極間，則稱為**汲極電流**的電流會流過。

雙極性電晶體是利用基極電流來控制集極電流，而MOS-FET則是用閘極電壓來控制汲極電流。J-FET也是一樣。

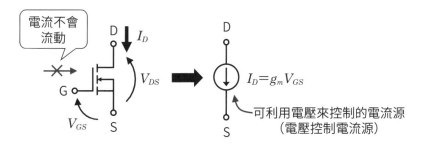

図 3-8-1 FET 為電壓控制電流源

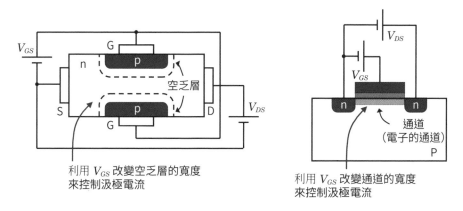

圖 3-8-2 J-FET 與 MOS-FET

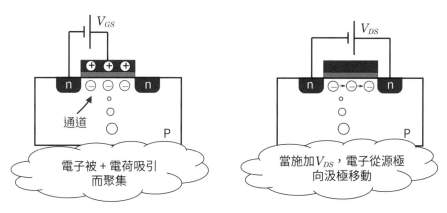

圖 3-8-3 MOS-FET 中電子的移動

靜態特性

FET具有以下2種靜態特性。I_D-V_{GS}特性與V_{GS}的平方成正比，因此稱為**平方定律**。

I_D–V_{GS}特性：閘極–源極間電壓V_{GS}與汲極電流I_D的關係

I_D–V_{DS}特性：汲極–源極間電壓V_{DS}與汲極電流I_D的關係

轉導與輸出電阻

MOS-FET是一種將閘極–源極間電壓V_{GS}轉換為汲極電流I_D的元件。這種將電壓變成電流的量稱為**轉導**。如果將轉導設為g_m，就可以用$i_d = g_m v_{gs}$這樣的電流源來表示這種轉換。

此外，轉導為I_D-V_{GS}中的汲極電流的傾斜度。此「轉導」與第2章中說明的「電導G」同樣，是表示「電阻的倒數」。

MOS-FET的動作基本上是可用V_{GS}來調整的電流源，因此與汲極–源極間電壓V_{DS}無關。也就是說，汲極電阻r_{ds}為無限大，可做為理想的電流源來使用。然而，汲極電阻實際上是有限的值。

通道長度調變效應在閘極長度愈短時表現愈顯著，愈新型的微小電晶體，其汲極電阻愈小。

MOS-FET可視為是輸出電阻為rds的電流源$g_m v_{gs}$。因此，如圖3-8-5，將電流源與電阻並聯連接的電路為其小訊號等效電路。

市售的FET

市售的FET，無論J-FET、MOS-FET，其型號都如下表示：

· 2SJ：P通道型

· 2SK：N通道型

並沒有特別區分J-FET與MOS-FET。

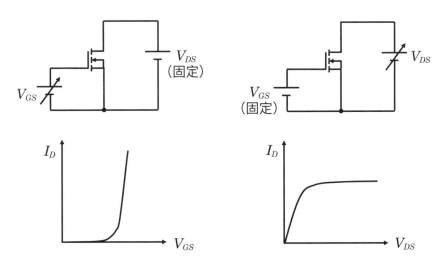

圖 3-8-4 MOS-FET 的靜態特性

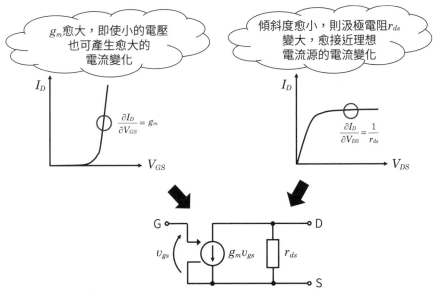

g_m 愈大，即使小的電壓也可產生愈大的電流變化

傾斜度愈小，則汲極電阻 r_{ds} 變大，愈接近理想電流源的電流變化

$$\frac{\partial I_D}{\partial V_{GS}} = g_m$$

$$\frac{\partial I_D}{\partial V_{DS}} = \frac{1}{r_{ds}}$$

圖 3-8-5 MOS-FET 的轉導與輸出電阻

運算放大器的功能與動作原理

功能

運算放大器是一種可進行各種計算的電路,也稱為**操作放大器**。基本上是將2個訊號的差進行放大的電路。如果連接電阻或電容,則可進行四則運算與微分、積分等計算。有關這些計算,將在第4章中詳細說明。

另外,它具有非常高的放大倍率,可放大非常小的訊號。

動作原理

運算放大器是由許多電晶體所構成。在電路圖上,將這許多的電晶體彙整,用三角形來表示。運算放大器是將2個輸入(V_1與V_2)的差進行放大的電路,放大比率如果是A倍,則輸出電壓可用下式來表示。

運算放大器的輸入輸出關係

輸出電壓V_0=放大倍率A×輸入電壓的差($V_1 - V_2$)

運算放大器將輸入電壓的差進行放大

如果是市售的運算放大器,通常具有很大的放大倍率A,達數萬倍以上。為了具有這樣大的放大倍率,會由以下的電路方塊來構成。

・差動放大段

・電壓放大段

・功率放大段

・定電流源

差動放大段是用成對的2個電晶體,將輸入電壓(V_1、V_2)的差進行放大。如果只有這樣,放大倍率還很小,因此透過電壓放大段將電壓再次放大。

在**電壓放大段**中，將差動放大段輸出的電壓、電流透過電壓放大段的
電晶體轉換成大的電流，並將其透過電阻等轉換成電壓。這樣即可將電壓
變大，但是在電壓放大段無法流過太大的電流。於是，使用**功率放大段**。
在功率放大段中，可一邊維持或放大電壓，一邊放大電流。藉此，即可對
應喇叭等需要大電流的零件。

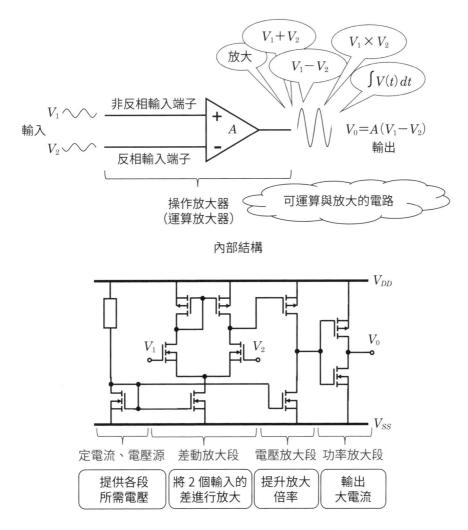

圖3-9-1 運算放大器的功能與內部結構

理想的運算放大器

運算放大器具有足夠高的性能，可大幅放大2個輸入電壓間的差值，而理想的運算放大器的放大倍率A為無限大（圖3-9-2）。

另外，電路中有**輸入電阻**與**輸出電阻**。如圖3-9-3連接時，前段電路的輸出V_0'被Z_0與Z_L分壓。此時，如果Z_L比Z_0大非常多，則前段電路的輸出電壓V_0'可以完全輸入至後段。也就是說，理想的輸入電阻為無限大，而輸出電阻為0。

虛短路

為了理解運算放大器的運算功能，必須先知道**虛短路**這個現象。

理想的運算放大器會將2個輸入的差放大∞倍輸出，只要V_1與V_2有差值，則輸出總是無限大。由於實際的輸出為有限的值，因此V_1與V_2的差值必須為0。也就是說，V_1與V_2如同短路一般。但是，輸入電阻為無限大，因此電流無法流動。像這樣，即使2個端子分離，但卻具有相同電位的狀態稱為**虛短路**（圖3-9-4）。

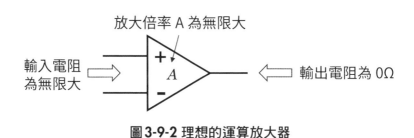

圖3-9-2 理想的運算放大器

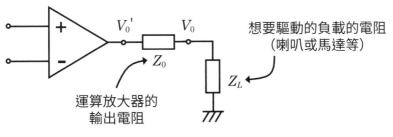

$$V_0 = \frac{Z_L}{Z_0 + Z_L} V_0'$$

$\underbrace{\phantom{\frac{Z_L}{Z_0 + Z_L}}}_{\text{分壓}}$

如果$Z_0 \ll Z_L$，則$V_0 \approx V_0'$，
可以有效率地傳達電壓至負載

圖3-9-3 運算放大器的輸出電阻與輸出電壓的關係

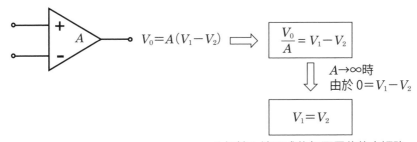

$$V_0 = A(V_1 - V_2) \implies \boxed{\frac{V_0}{A} = V_1 - V_2}$$

$A \to \infty$時
由於 $0 = V_1 - V_2$

$$\boxed{V_1 = V_2}$$

2個輸入端子成為相同電位的虛短路

圖3-9-4 A→∞時為虛短路

LED的功能與動作原理

功能

　　LED（light emitting diode）已是日常身邊常見的東西，相信很多人都知道。**LED又稱為發光二極體**，是一種電流流過就會發光的元件。發光顏色會依材料不同而異，組合這些不同材料即可發出各種不同的顏色。最近日本許多交通號誌都改用LED。另外，車站或機場的告示牌也改用LED，閱讀變得更加容易。其他如電視的背光也開始使用LED，照明器具也開始換成LED。

動作原理

　　LED的構造與二極體相同，都是pn接面的構造。如果在pn接面施加順向偏壓，則在接面上電子與電洞結合而造成電子流動，這已在3-6節說明過了。當電子與電洞結合時，會釋放出能量。這種能量會因半導體的材料而異，LED使用的材料是會釋放出剛好人眼看得到的光（可視光線）的材料。目前可以製作出藍色、紅色或黃色等各種顏色。

種類

　　在電子製作中最常使用的是**砲彈型LED**。價格便宜且容易取得，也可以擴散光線，因此使用於想要擴大視野角度等時。另外，在表示數字時，經常會使用7段LED。

　　其他在電燈或汽車照明等需要高亮度時，會使用高功率LED。

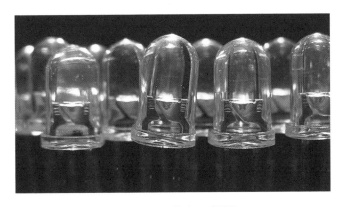

圖3-10-1 發光二極體

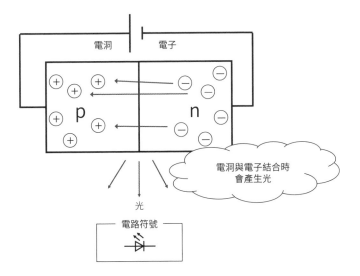

電洞　　電子

p　　　n

電洞與電子結合時
會產生光

光

電路符號

圖3-10-2 LED的動作原理

圖3-10-3 各種LED

感測器的功能與動作原理

功能

　　如果將電子電路與感測器組合，將可以做許多事情。在駕駛汽車時，當隧道等周圍變暗時必須要打開車燈，如果有光電感測器，在變暗時就可以自動打開車燈。

　　如果使用溫度感測器，就能自動調節熱水溫度並注入熱水。智慧手機等則使用觸控感測器，可以知道手指碰觸的位置。像這樣，感測器可將自然界的能量轉換成電能並傳送至電子電路，使電子電路可以做的事情大幅增加（圖3-11-1）。

動作原理

　　感測器有許多不同的種類，在此僅針對光電感測器與加速度感測器進行說明。

　　光電感測器有**光電二極體**與CdS感測器。光電二極體與LED相反，可以從光能產生電，依據光的強度來決定電子的流量。CdS感測器是一種當光照射時電阻值會變化的元件，如果強光照射，則電阻值下降，使電流容易流動。

　　加速度感測器是利用加速度時在物體上的施力來檢測加速度。例如，讓固定的金屬與未固定的金屬貼近，使其加速時，2個金屬的距離會變化，容量值改變。透過檢測這種變化，可以算出加速度（圖3-11-2）。

器官	眼	耳	皮膚	鼻	口
感覺	視覺	聽覺	觸覺	嗅覺	味覺
感測器	光電感測器	聲音感測器 （麥克風）	壓力感測器 溫度感測器	氣味感測器	味覺感測器

表3-11-1 扮演人類五種感官角色的器官感測器

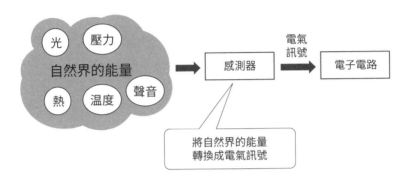

圖3-11-2 感測器的作用

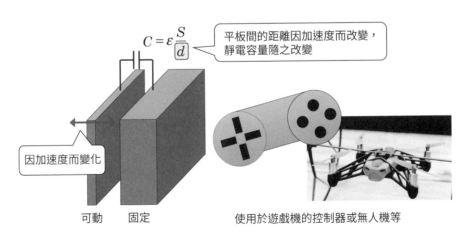

圖3-11-2 加速度感測器的原理與應用實例

折衷取捨

　　我熱愛汽車，從小就開始看F1一級方程式等賽車比賽。賽車的趣味之一在於即使相同的車輛也會因設定不同而導致繞圈時間改變。如果提升至最高速，則轉彎速度下降。如果換成抓地力強的輪胎，雖然可以提升轉彎速度，但是抓地力強的輪胎磨耗嚴重，會增加進站次數，導致總和時間變差。像這樣，某個特性變好導致別的特性變差的關係稱為**折衷取捨的關係**。

　　電子電路中也有許多折衷取捨的關係。如果增加放大倍率，則速度變慢；如果提升速度，則消耗功率增加。在設計電路時，不要將性能提高至必要以上的程度。要在一邊取得與其他特性的平衡下，一邊設計電路。這是電子電路的困難之處，但也是其有趣之處。

　　首先請理解電路的長處與短處。如果可以理解電路的特徵，就能設計出符合目的的電路。

第 **4** 章

「簡單！」
電子電路的基本動作

電子電路包括各種各樣的電路，但要記住所有電路的動作非常困難。因此，電路設計者即使對於初次看到的電路，也要能從其電路構成來理解電路的動作。為了達到這個目的，需要先知道電子電路中基本的電路動作。本章將讓讀者理解使用電晶體的基本電路及其動作與分析手法。另外，也讓讀者確實理解有關數位電路與使用程式設計電子電路的基礎。

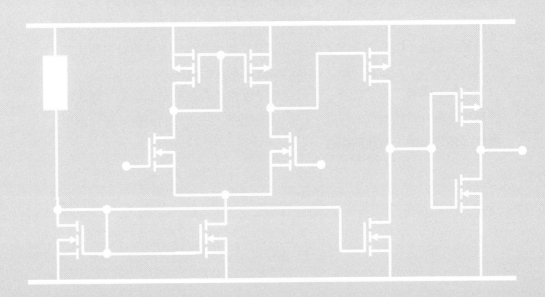

電子電路的基本構成

電子電路的基本構成

在製作電子電路時，會依據想要執行的功能組合各種電路來製作。因此，電路設計者需要知道龐大數量的電路，不過要記住全部的電路非常困難。請先記住以下3種基本動作（圖4-1-1）。

- 訊號的放大（將小的電壓、電流變大）〈類比〉
- 訊號的加工（將波形變形或選擇頻率）〈類比〉
- 訊號的運算（將訊號相加或相乘）〈類比&數位〉

本章將介紹執行這些功能的基本電路，並說明動作原理與分析手法。請透過本章學習這些基礎知識，並將所學的知識活用在第5章的應用電路中。

類比電路、數位電路與程式設計

電子電路包括「類比電路」與「數位電路」。訊號的放大與加工可用類比電路執行，而訊號的運算可用類比電路或數位電路執行。

類比電路是處理正弦波之類的連續訊號，而**數位電路**則是處理0或1之類的離散數值（圖4-1-2）。數位電路的動作較為簡單，容易處理，並且抗雜訊能力強，因此許多電路都已數位化。不過，光或聲音等自然界的能量為類比訊號，因此許多電子電路還是需要類比電路。本章將針對類比的訊號放大、加工、運算與數位運算的基礎原則進行說明。

另外，透過「程式設計」，可使電子電路具有更高階的功能。**程式設計**是指寫命令電腦動作的程式，以使電腦動作。在本章的最後，將介紹有關程式設計與電子電路的組合。

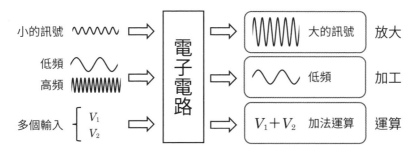

圖4-1-1 電子電路的基本動作

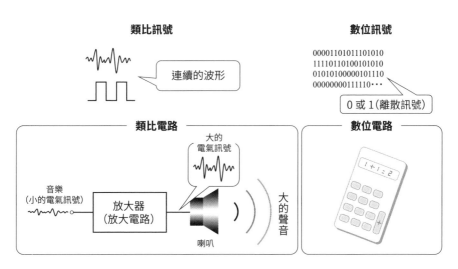

圖4-1-2 類比電路與數位電路

4-②

接地電路

何謂接地電路

連接至直流電位（如電源（V_{CC}、V_{DD}）或GND）等稱為**接地**。在使用電晶體的電路中，依據接地端子的不同，會有差異很大的不同特性。使用雙極性電晶體的接地電路包括以下3種：

- ・射極接地電路
- ・集極接地電路
- ・基極接地電路

另外，使用FET的接地電路包括以下3種：

- ・源極接地電路
- ・汲極接地電路
- ・閘極接地電路

所有使用電晶體的電路都由以上的接地電路組合而成（表4-2-1）。這些都是基本的電路，請確實地理解掌握。

特徵

各種接地電路的特徵如表4-2-2所示。各自的特徵並不相同，可以使用這個表來查看。

射極接地與源極接地具有高的電壓放大率。因此可使用於小電壓訊號的放大等。

集極接地與汲極接地的輸出阻抗低，因此容易與其他電路連接，通常被使用做為電路的輸出區段。有關輸出阻抗與電路的連接關係，將在4-7節（驅動重的負載）中詳細說明。

基極接地與閘極接地的放大率高，但是輸入阻抗低，不容易做為放大電路使用。因此，用來使用於提升射極接地或源極接地的放大率。

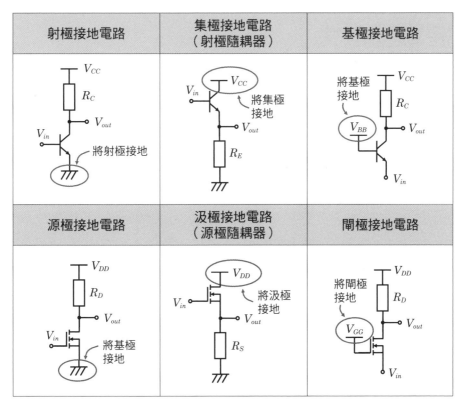

表4-2-1 接地電路的名稱與電路圖

	電壓放大率	電流放大率	輸入阻抗	輸出阻抗
射極接地	高	高	中	高
集極接地	低（約1倍）	高	中	低
基極接地	高	低（約1倍）	低	高
源極接地	高	–	高	高
汲極接地	低（約1倍）	–	高	低
閘極接地	高	低（約1倍）	低	高

表4-2-2 接地電路的特徵

4-3

將電壓放大

電壓放大

　　將小的電壓變成大的電壓稱為**電壓放大**（圖4-3-1）。另外，放大的大小稱為**電壓放大率**，可用以下公式來定義：

> **電壓放大率**
>
> $$電壓放大率 = \frac{輸出電壓}{輸入電壓}$$
>
> 表示相對於輸入電壓，輸出電壓變成多大

放大電壓的電路

　　代表性的電壓放大電路為**射極接地電路**與**源極接地電路**。這些電路可將輸入電壓放大數十倍至數百倍（圖4-3-2）。

　　如果需要更大的電壓放大率，可再連接一段電壓放大電路。例如，將電壓放大率10倍的射極接地電路接成2段，則成為10倍×10倍 = 100倍的電壓放大電路。但是，如果連接太多段，電路會不穩定而產生振盪。

　　其他也有在電晶體上再連接電晶體來提升放大率的方法。這種將電晶體縱向連接的方法稱為**疊接**。疊接是使用基極接地或閘極接地。使用疊接的射極接地電路或源極接地電路可具有數百倍～數千倍的放大率（圖4-3-3）。另外，如果使用在疊接上再進行疊接的3重疊接或4重疊接，可以執行更高的電壓放大率。但是，愈多的疊接會消耗愈多的電壓，因此在電源電壓低的電路中，會有電壓輸出範圍受到限制的缺點。

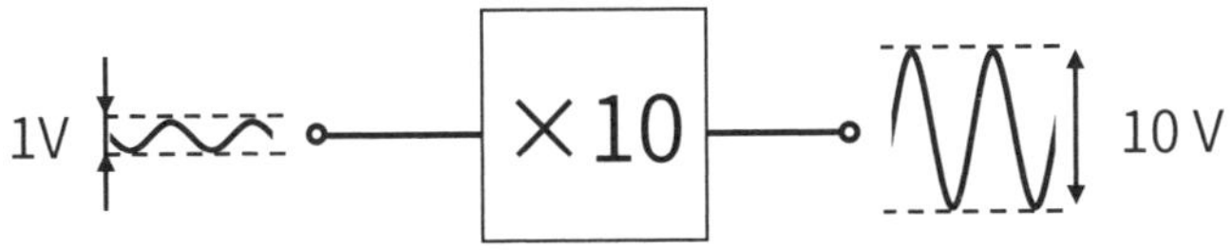

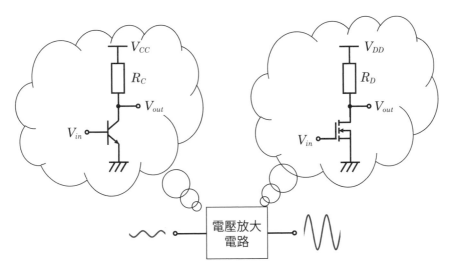

$$電壓放大率 = \frac{輸出電壓}{輸入電壓} = \frac{10V}{1V} = 10 \; 倍$$

圖**4-3-1** 電壓放大

圖**4-3-2** 代表性的電壓放大電路

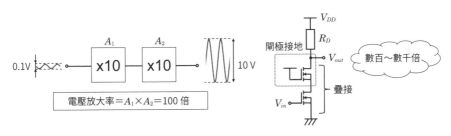

電壓放大率＝$A_1 \times A_2$＝100 倍

圖**4-3-3** 提升放大率的方法

4-4

將電流放大

何謂電流放大

我們常會看到有些照明器具，當人們通過或是周圍變暗時就會點亮。安裝於這種照明器具的電路中，附有檢測光線的感測器。**光電感測器**接受到光線後，就會產生微弱的電流。但是，僅靠這微弱的電流無法點亮照明器具。因此，使用電流放大電路，將小的電流放大成大的電流（圖4-4-1）。電流放大率與電壓放大率相同，以下列公式來表示：

> **電流放大率**
>
> $$電流放大率 = \frac{輸出電流}{輸入電流}$$
>
> 表示相對於輸入電流，輸出電流變成多大

放大電流的電路

代表性的電流放大電路為**集極接地電路**。輸入至雙極性電晶體的基極電流會被放大數十倍～數百倍，流到集極。射極接地電路也會有同樣的動作，但由於輸出阻抗太大，所以很難供給電流至後段的電路。關於這點，將會在4-7節（驅動重的負載）中詳細說明。因此，輸出阻抗低的集極接地電路較適合用來放大電流（圖4-4-2）。

如果要得到更大的電流放大率，可使用3-7節中介紹的達靈頓接法。如果使用達靈頓接法，可以得到數百倍～數千倍的電流放大率（圖4-4-3）。

FET的閘極由於不會流過電流，因此很難用汲極接地來放大電流。要用FET來放大電流時，可先轉換成電壓，放大電壓後再回復成電流。

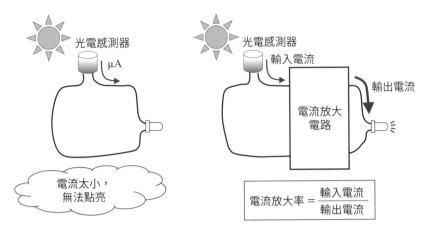

圖4-4-1 電流放大電路的應用實例

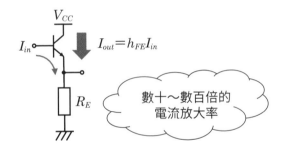

圖4-4-2 利用集極接地來放大電流

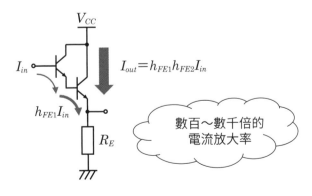

圖4-4-3 用達靈頓接法來達成大的電流放大率

使用運算放大器來放大電壓

使用運算放大器來放大電壓

　　僅使用射極接地電路或源極接地電路並無法執行高的放大率。另外，因阻抗值或電源電壓變動造成放大率變得不穩定。因此，要放大幾萬倍或很精準地放大並不適合。

　　在這種時候，就使用運算放大器。如同第3章的說明，運算放大器中有許多的電晶體，可執行數萬倍以上且穩定的放大。

非反相放大電路

　　非反相放大電路是一種放大電路，輸出電壓不會將輸入電壓反相，而是保持同相。在非反相放大電路中，將電壓 V_{in} 輸入至運算放大器的非反相輸入端子。此時的輸出電壓 V_{out} 由2個電阻 R_1 與 R_2 分壓後，返回至運算放大器的反相輸入端子。

　　非反相放大電路的放大率 V_{out} / V_{in} 是由2個電阻的比來決定。

> **非反相放大電路的放大率**
>
> 放大率 $A_v = 1 + $ 電阻比 $\left(\dfrac{R_2}{R_1} \right)$
>
> 非反相放大電路的放大率大小是1加上回饋電阻比

　　從這個公式可以得知非反相放大電路的放大率是由回饋電阻的比來決定。如果使用運算放大器，可利用附加在外部的電阻值簡單地調整放大率。另外，如果使用可變電阻，可在之後再變更放大率。

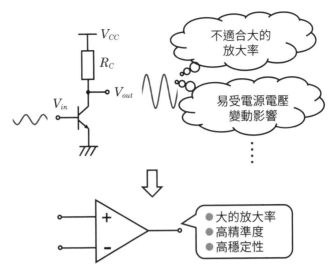

圖4-5-1 具有良好穩定放大能力的運算放大器

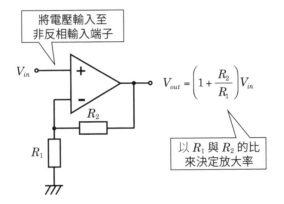

$$V_{out} = \left(1 + \frac{R_2}{R_1}\right) V_{in}$$

將電壓輸入至
非反相輸入端子

以 R_1 與 R_2 的比
來決定放大率

圖4-5-2 非反相放大電路

反相放大電路

　　反相放大電路則是一種輸出電壓對輸入電壓的反相，而且保持逆相的
電路。在反相放大電路中，將電壓 V_{in} 輸入至運算放大器的反相輸入端子。
與非反相放大電路相同，輸出電壓 V_{out} 由 2 個電阻 R_1 與 R_2 分壓後，返回至
運算放大器的非反相輸入端子。

反相放大電路的放大率V_{out} / V_{in}是由2個電阻的比來決定。

> **反相放大電路的放大率**
>
> 放大率 $A_v = -$電阻比 $\left(\dfrac{R_2}{R_1} \right)$
>
> 反相放大電路的放大率為負,由回饋電阻比來決定

　　從這個公式可以得知反相放大電路的放大率是由回饋電阻的比來決定,並且由於附加負號,可以得知輸出電壓對輸入電壓反相。

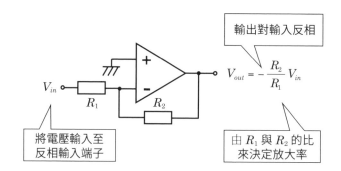

圖 **4-5-3** 反相放大電路

負回饋電路

何謂負回饋

　　運算放大器依據電源所供給的能量來將電壓放大。因此，輸出的電壓無法大於電源電壓。運算放大器是以數萬倍以上的放大率來放大電壓，因此無論輸入多小的電壓，輸出電壓很快會達到電源電壓。這樣將會是非常難使用的放大電路。

　　於是，就使用負回饋這種技術。**回饋**意味著將部分輸出返回至輸入。而負回饋是指將運算放大器的部分輸出電壓返回至反相輸入端子。電壓輸入至反相輸入端子，則輸出會受到抑制。

　　抑制輸出電壓的量是由輸出電壓的回饋量（**回饋率**）來決定。回饋率的決定方式有許多種，例如，如4-5節中介紹的非反相放大電路或反相放大電路，可由電阻的分壓來決定。輸出電壓由2個電阻分壓，將其分壓的電壓返回至反相輸入端子，則由電阻比來決定回饋量。

負回饋的優點

　　如果施加回饋，則放大率會降低；但相對地，其他的特性會獲得改善。頻率特性就是一個例子。當頻率愈高，則運算放大器的放大率會愈低。可維持運算放大器放大率的頻率稱為**截止頻率**，如果施加回饋，則截止頻率會變高AH倍。A是運算放大器的放大率，而H是回饋率，因此可以得知，當回饋愈多，則頻率特性會改善。

　　其他還有雜訊特性、失真與放大率的穩定性等也會改善AH倍。像這樣由於具有許多的優點，因此幾乎所有的電路都使用負回饋電路。

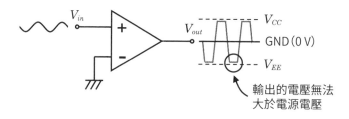

V_{in} +   - V_{out} V_{CC} GND（0 V） V_{EE}

輸出的電壓無法
大於電源電壓

圖4-6-1 運算放大器的輸出無法大於電源

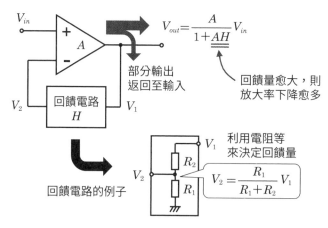

V_{in} + A - $V_{out} = \dfrac{A}{1+AH} V_{in}$

部分輸出
返回至輸入

回饋量愈大，則
放大率下降愈多

V_2 回饋電路 H V_1

回饋電路的例子

利用電阻等
來決定回饋量

V_1 R_2 V_2 R_1

$V_2 = \dfrac{R_1}{R_1+R_2} V_1$

圖4-6-2 負回饋電路

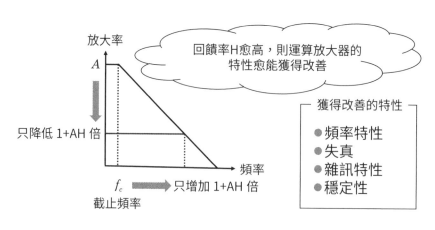

放大率

A

回饋率H愈高，則運算放大器的
特性愈能獲得改善

只降低 1+AH 倍

頻率

f_c 截止頻率 ➡ 只增加 1+AH 倍

獲得改善的特性

● 頻率特性
● 失真
● 雜訊特性
● 穩定性

圖4-6-3 負回饋電路的優點

4-⑦

驅動重的負載

驅動負載

　　使用放大電路等電子電路使其動作的東西稱為**負載**。例如，喇叭或LED等都是負載。將電流流過負載並使其動作稱為**驅動負載**。喇叭之類的負載，由於阻抗低（數Ω左右），需要大的電流。像這種需要大電流的負載稱為**重的負載（重負載）**（圖4-7-1）。要驅動這種重的負載，需要可以流過大電流的電路。

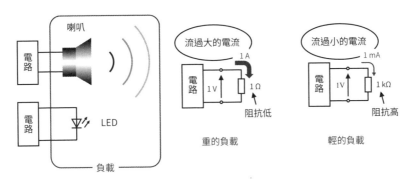

圖4-7-1 重的負載與輕的負載

電路的輸出阻抗與負載阻抗的關係

　　如果電路的輸出阻抗為Zout，負載的阻抗為ZL，則施加於負載的電壓Vl可用下列公式表示：

施加於負載的電壓

負載電壓 V_l = 由電路與負載的阻抗來分壓

$$\left(\frac{Z_L}{Z_{out} + Z_L} V_{out} \right)$$

施加於負載的電壓是由電路與負載的阻抗來分壓

在重的負載時，ZL非常小，所以如果電路的輸出阻抗Zout太大，則幾乎無法供給電壓至負載（圖4-7-2）。因此，在驅動重的負載時，會連接輸出阻抗小的電路。像這樣的電路稱為**緩衝電路**。

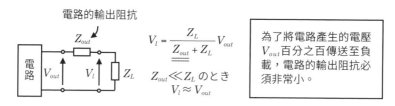

圖4-7-2 可供給負載電壓的大小

緩衝電路

緩衝電路有A級緩衝、B級緩衝、AB級緩衝等各種不同種類。這種所謂的○級並非表示電路構成，而是表示動作的不同。

A級緩衝可以經常輸出與輸入等比例的電流，但是在輸入電壓為0V時也會流過電流，而使消耗功率變大。而B級緩衝的輸入如果接近0V，則輸出電流就不流動，消耗功率低；相對於輸入，輸出變成是曲線。AB級緩衝處於A級緩衝與B級緩衝的中間，輸出相對於輸入，具有不易彎曲且可以抑制消耗功率的特徵（圖4-7-3）。

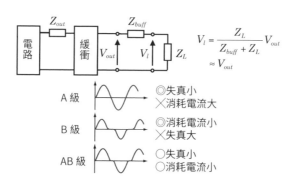

圖4-7-3 緩衝的功能

4-8 流過固定的電流

電子電路不可或缺的定電流源

電晶體或二極體等半導體的特性會隨著電流的大小而改變。例如，LED會隨著流過電流的大小而改變亮度。因此，在電路設計時，會配合流過電晶體的電流大小來決定各端子的電壓等。

另外，運算放大器等類比電路中會使用許多的電流源。由於電氣電路很少使用電流源，或許會讓人覺得陌生，但其實只要使用電晶體即可簡單地製作電流源。因為電晶體本身可以做為電流源來動作（圖4-8-1）。

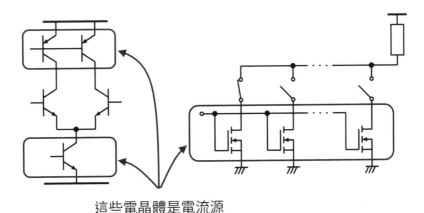

這些電晶體是電流源

圖4-8-1 類比電路中使用許多電流源

理想的定電流源

電子電路中大多使用電阻來取代電流源。因為只要電壓不改變，電阻也可以流過固定的電流。不過，電流供給目的地的電路電阻值並不固定。因此，施加在電流源上的電壓會改變，電流值也隨之改變。

如果是理想的電流源，施加在端子上的電壓即使產生變化，也可以持續流過固定的電流（圖4-8-2）。

定電流電路

最簡單的定電流源電路是使用電晶體單體的電路。如果是雙極性電晶體，只要將基極電流固定，即使集極電位變化，集極電流也不會改變。

為了將集極電流固定，有一種方法是連接基極電阻，並在其上施加固定電壓。另外，如果使用如圖4-8-3所示的電流鏡電路，可以複製許多電流。如果使用電流鏡，可以讓許多的LED都以相同亮度發光。

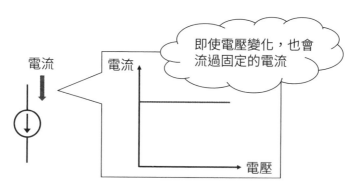

圖4-8-2 理想的電流源

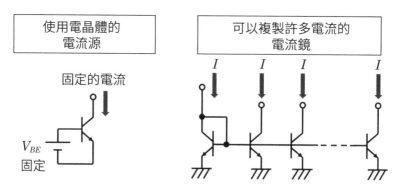

圖4-8-3 使用電晶體的電流源實例

4-⑨

只流通任意的頻率

訊號中包含的各種頻率成分

到目前為止，只處理單一頻率的電氣訊號。然而，實際的電氣訊號中附著無數具有頻率成分的雜訊。雜訊是由外界的電磁波或電阻元件等所產生。此外，輸出電壓過大但受電源電壓限制而達到峰值的訊號等也含有許多的頻率成分。

音樂播放器等如果含有多餘的頻率成分，音質會變差。將這種多餘的頻率成分去除的電路稱為**濾波器電路**。與咖啡等使用的過濾器相同，可以將不能通過的頻率與能通過的頻率分開。

RC濾波器

電容器具有容易通過高頻訊號與難以通過低頻訊號的性質。利用這種性質即可簡單地製作濾波器電路。

如圖4-9-2（左），將電阻連接輸入端並將電容器連接GND，即成為只可通過低頻訊號的**低通濾波器**。與此相反，將電容器連接輸入端，將電阻連接GND，即成為只可通過高頻的**高通濾波器**〔圖4-9-2（右）〕。

另外，可通過的訊號與被截止訊號的交界處的頻率稱為**截止頻率**。截止頻率是由電阻與電容的值來決定。

截止頻率

$$截止頻率\ f_c = \frac{1}{2\pi \times 電阻值\ R \times 電容的容量\ C}$$

截止頻率是由電阻值與電容的容量來決定

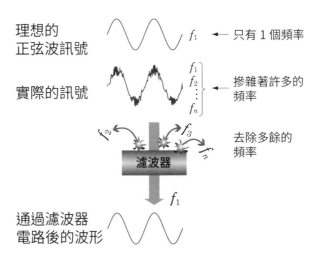

圖4-9-1 濾波器的功能

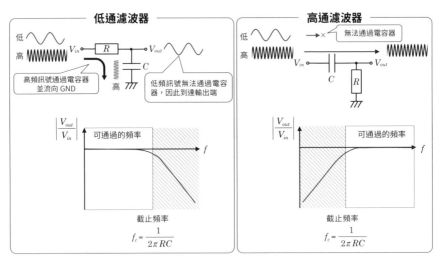

圖4-9-2 RC濾波器

4-⑩

使用運算放大器進行運算

運算放大器可以運算

運算放大器的基本動作為「將2個輸入的差放大」,即減法與乘法。利用這種特性,就可以進行各種運算。本節將介紹使用運算放大器的加法、減法、積分共3種運算。

加法電路

加法電路可以將多數的輸入電壓加總並輸出。圖4-10-1所示電路為使用運算放大器的加法電路。輸入的電壓透過R_1 ～R_n轉換成電流,再將這些合計的電流透過R_f轉換成電壓並輸出。

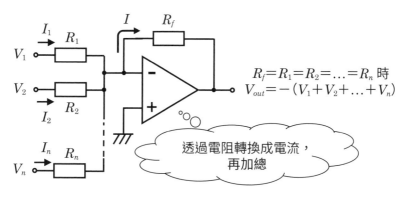

$R_f=R_1=R_2=\ldots=R_n$ 時
$V_{out}=-(V_1+V_2+\ldots+V_n)$

透過電阻轉換成電流,再加總

圖4-10-1 加法電器

減法電路

減法電路可以將2個輸入電壓的差進行輸出(圖4-10-2)。輸入的2個電壓各自透過R_1 ～R_4來分壓,而成為e_1 與e_2電壓。運算放大器將e_1 與e_2的差進行輸出。R_2具有負回饋的功能,可依據R_1 ～R_4的比來將輸出電壓放大。如果想要單純地進行減法,可將所有電阻值設為相同的值。

積分電路

積分電路可將輸入的電壓進行積分（圖4-10-3）。例如，如果輸入sin波，即可輸出cos波。為了進行積分，要使用電容。通過電容的訊號，其相位會偏移。這個相位偏移即是積分。另外，如果改變連接電容的位置，也可以進行微分。

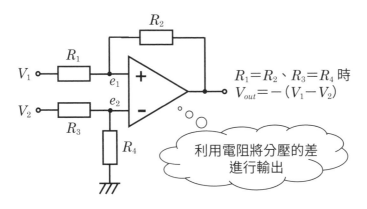

圖4-10-2 減法電路

$R_1 = R_2$、$R_3 = R_4$ 時
$V_{out} = -(V_1 - V_2)$

利用電阻將分壓的差進行輸出

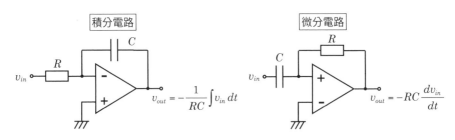

圖4-10-3 積分電路與微分電路

積分電路 $v_{out} = -\dfrac{1}{RC}\int v_{in}\,dt$

微分電路 $v_{out} = -RC\dfrac{dv_{in}}{dt}$

4-⑪

使用數位電路進行運算

類比運算的問題點

　　使用類比計算機進行運算非常方便，但也有一些問題。其中一個問題是不抗雜訊，電路中固定會產生雜訊。單單放一個電阻就會產生雜訊，因此在類比電路中無法忽視雜訊。

　　另一個問題是，電路的非線形性。所謂**非線形**是指「並非直線」的意思。電晶體等半導體元件的電流特性為曲線圖形，因此運算放大器等使用電晶體的電路，其輸出特性不可避免地會有彎曲的現象（圖4-11-1）。這個結果會造成計算值產生誤差。

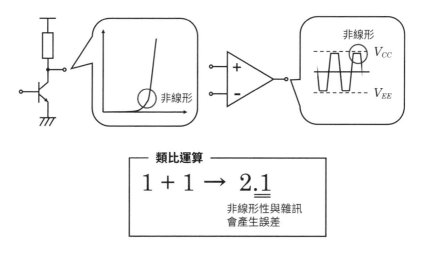

圖4-11-1 類比運算的問題點

數位計算機的優點

　　如果使用數位電路，可以大幅減少計算值的誤差。數位電路所處理的訊號為0或1的其中之一。也就是說，即使訊號上有雜訊，但是與訊號的大小相比，雜訊非常的小，可以忽視。

另外，數位的計算只是將0與1單純地相加，解答也不會彎曲變形。此外，數位電路的動作單純，因此容易微細化、進行高速動作。

數位電路以往有一個很大的問題，即輸出訊號比輸入訊號慢的**延遲**問題，然而目前隨著元件的微細化，已經可以進行高速運算。所以，用來計算的電路幾乎都是數位電路。

數位電路的運算

數位電路的計算全部都是用2進制來進行。我們平常使用的數字則為10進制。從0數到9，接著會進位，變成10。2進制時，在2的時候進位。也就是說，1的下一個為10。

計算本身非常簡單，例如，1+1＝2，但是2進制時，1+1＝10。這是2進制的10，因此與10進制的2是相同的意思（圖4-11-2）。

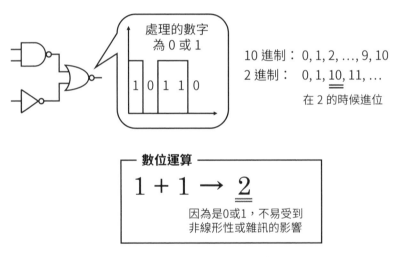

圖4-11-2 數位運算

AND、OR、NOT電路

在數位電路的計算中，會使用AND或OR等邏輯運算。例如，AND如圖4-11-3（右上）所示，可用2個開關來構成。當只有一方的開關關閉，電流不會流動；如果雙方的開關都關閉，電流就會流動。這種稱為**AND電路**。另一方面，如果連接成如圖4-11-3（右下），只要一方的開關關閉，電流就會流動。這種電路稱為**OR電路**。另外，將輸入的訊號反相後再輸出的電路稱為**NOT電路**。數位電路基本上是由這3種電路所構成。

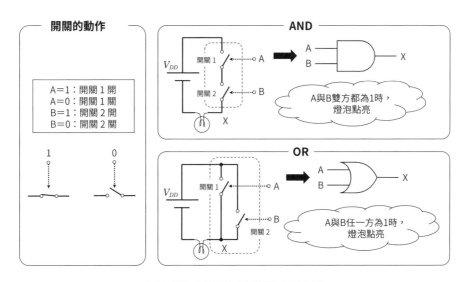

圖4-11-3 AND電路與OR電路

數位電路的基本電路

・AND電路

・OR電路

・NOT電路

在實際的數位電路中，是使用電晶體做為開關。例如，如果是MOS-FET，在N通道型MOS（NMOS）的閘極輸入高的電壓（High）、在P通道型MOS（PMOS）的閘極輸入低的電壓（Low），則電流流通。也就是說，輸入的電壓與MOS的開、關有如表4-11-1所示的關係。

由於這種關係，AND電路、OR電路、NOT電路是由圖4-11-4所示電路構成。但是，圖4-11-4所示的AND電路與OR電路，是將AND與OR反相的訊號予以輸出。這些電路分別稱為**NAND電路**、**NOR電路**。

	High	Low
NMOS	開	關
PMOS	關	開

表4-11-1 輸入電壓與MOS的關係

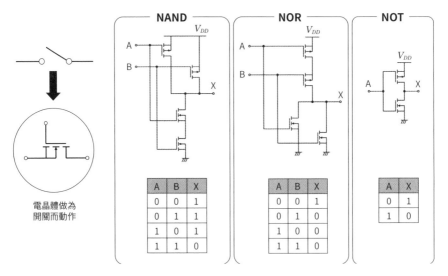

圖4-11-4 用MOS構成的NAND、NOR、NOT

4-⑫

電子電路與程式設計

電子電路 × 程式設計

第4章中說明了類比電路的電壓放大、濾波器電路與運算電路，並介紹了數位電路的運算。如果在類比電路與數位電路中添加感測器、LED或馬達等輸入輸出元件，則可以做各種事情。然而，這需要複雜的電路，並且在中途無法增加或變更功能。

如果**使用程式**，則單純的電路就可以執行複雜的動作，並且可以增加或變更功能（圖4-12-1）。在我們身邊有許多使用程式的電子設備，例如智慧手機。只要在智慧手機上安裝應用程式，任何人都可簡單地增加遊戲或行程管理等複雜的功能。

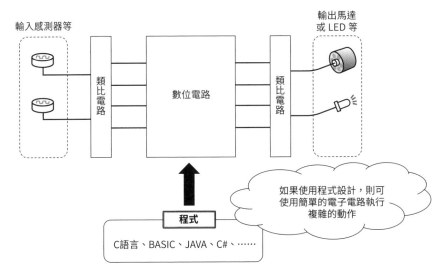

圖4-12-1 類比電路 + 數位電路 + 程式

何謂程式設計

命令電腦等電子設備「做這個」、「做那個」的東西稱為**程式**，而使用電腦等製作程式稱為**程式設計**。

程式設計是使用C語言或BASIC等被稱為**程式設計語言**的命令文。程式設計語言是以人類可以理解的文章來書寫，再用編譯器轉換成電腦可以理解的語言使用。

只要用文章寫下想要執行的功能，就可以簡單地執行複雜的功能。另外，也可以改寫程式，因此也可以在之後變更或增加功能。

用微電腦執行程式

在電子電路中輸入並執行程式時，會使用稱為「**微電腦**」的IC。微電腦內有**CPU（中央處理器）**與**記憶體**等電路。讀取儲存在記憶體中的程式，在CPU中計算處理並執行複雜的動作（圖4-12-2）。

第5章將介紹微電腦的種類與使用微電腦的電路。

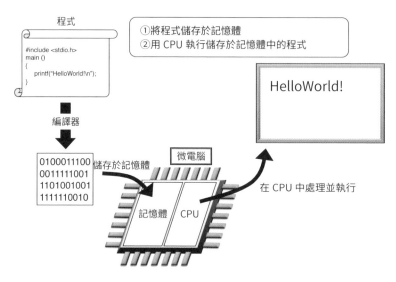

圖4-12-2 程式設計與微電腦

第 **5** 章

「簡單！」
電子電路的應用

到第4章為止，已說明了電子電路的基礎。本章將說明
有關使用電晶體、運算放大器的應用電路。具體來說，
將介紹播放音樂或讓收音機發出聲音的電路、對光線反
應的電路等，透過身邊的電路來深入理解電子電路。

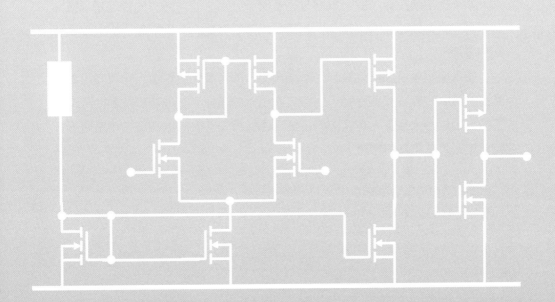

5-1

可利用電子電路完成的事情

電子電路中經常使用的元件、零件

電子電路中會使用電阻、電容與電晶體等各種元件。電阻或電容等的電流與電壓成正比，這種元件稱為**線形元件**。另一方面，二極體或電晶體等的電流是以電壓的指數關係或多項式來表示，這樣的元件稱為**非線形元件**。在電子電路中，透過使用非線形元件，可以執行各種功能（圖5-1-1）。

如果使用二極體，可以將訊號整流；如果使用射極接地電路或運算放大器，可以將訊號放大。另外，組合AND、OR、NOT等可以進行邏輯運算的電路，可以製作計算機。

如果使用微電腦，可以用程式簡單地執行複雜的動作。但是，需要一個電路去控制流至外部連接的元件上的電流，或需要一個電路來流過充分的電流至馬達等重的負載。因此，對於使用微電腦的電子電路，類比電路、數位電路、程式設計的知識是必要的（圖5-1-2）。

感測器可以做的事情

如果使用感測器，就可以測量亮度與聲音大小等自然界的物理量。感測器可取代人類的眼睛或耳朵，如果與電子電路組合，即可做出與人類相同的事情。

如果使用可偵測紅外線的光電感測器，即可製作出在進入廁所時自動點亮的照明設備，或感應到手即會自動出水的設備。其他還有自動門或汽車的自動感應大燈等，在我們的日常周邊使用了許多的感測器。本章將介紹使用光電感測器的電路。

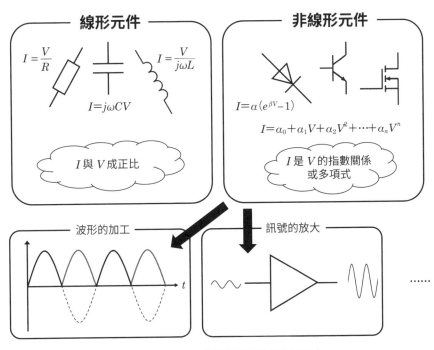

圖5-1-1 利用非線形元件操控訊號

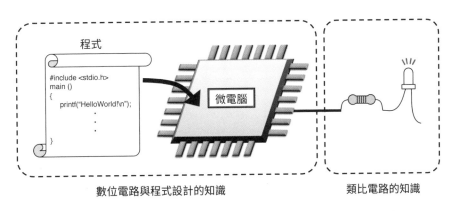

數位電路與程式設計的知識　　　　類比電路的知識

圖5-1-2 類比電路、數位電路、程式設計的知識是必要的

5-②

讓LED發光的電路

使LED發光的電路

要使LED發光，需要有電流。但是，如果流過LED的電流太小，則亮度不夠；如果太大，則LED會損壞。因此，在LED發光電路中，需要一種能流過適當電流到LED中的電路。

將電池與電阻、LED串聯連接的電路，可做為簡單的LED發光電路。在設計LED發光電路時，重要的是決定流到LED中的電流量，以及計算要達到這個電流量的電阻值（圖5-2-1）。

流過LED的電流

依據LED不同，都會有一個「如果流過這個以上的電流就會損壞」的規定值。這個值稱為**最大額定值**。在設計電路時，請不要超過絕對最大額度值（圖5-2-2）。

在設計LED發光電路時，要查閱LED的亮度與電流的關係來決定電流值。但是，如果不需要很嚴格的設計時，只要參考寫在LED規格表上的電流值即可。

電阻值的決定方法

圖5-2-3所示電路，流過LED的電流可用以下公式求得。

> **流過LED的電流**
>
> LED的電流值 $I_F = \dfrac{\text{施加在電阻上的電壓（} V_B - V_F \text{）}}{\text{電阻 R}}$
>
> 流過LED的電流是由電阻R的歐姆定律來決定

施加於電阻R的電壓值為電源電壓V_B減去施加於LED上的電壓V_F（圖5-2-3）。V_F會依據流過LED的電流值而改變，但是大概的值通常會記載於規格表上。

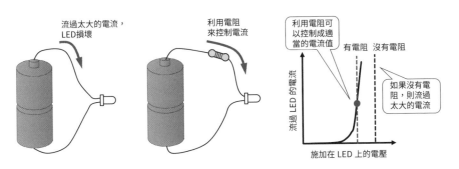

圖5-2-1 利用電阻控制流過LED的電流

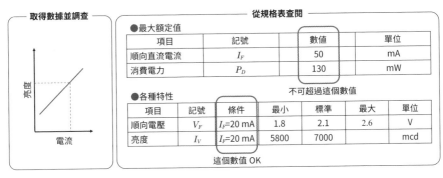

圖5-2-2 流過LED的電流與亮度的關係

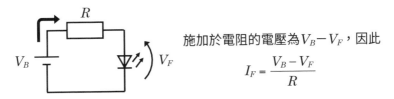

施加於電阻的電壓為$V_B - V_F$，因此

$$I_F = \frac{V_B - V_F}{R}$$

圖5-2-3 流過LED電流值的計算

5-③

讓耳機發出聲音的電路

用來使耳機發出聲音的電路

你曾經用耳機聽過音樂嗎？由於音樂播放器輸出的訊號小，為了能在耳機上欣賞大音量、高音質的聲音，需要一種叫做**耳機放大器**（圖 5-3-1）的放大電路。本節將針對耳機放大器進行說明。

由於音樂播放器或智慧手機等內部已有放大器，無須特意再自行製作放大器，但是想要連接高級耳機來欣賞高音質音樂的人，則會購買市售的耳機放大器或自行製作。一旦你熱衷此道，將會發現這是一個無比深奧的領域。本節將只針對基本的電路構成與其原理進行說明。

耳機放大器的電路構成

使用耳機放大器的主要目的是將電壓與電流放大。要將電壓與電流放大時需要使用電晶體或運算放大器。這裡透過使用4-5節中說明的運算放大器所構成的放大電路來介紹耳機放大器。

耳機放大器的電路圖如圖5-3-2所示。在4-5節中說明的非反相放大電路的輸入端連接音量調整器（透過可變電阻來分壓），輸出端則連接耳機（Z_L）。雖然與4-5節的電路稍微不同，但放大器的放大率（A_v）並未改變。

$$A_v = 1 + \frac{R_2}{R_1}$$

不過運算放大器的輸入電壓為V_{in}，是可變電阻所分壓的值，因此輸出電壓如下式所示。

> **耳機放大器的輸出電壓**
>
> 輸出電壓 V_{out} ＝放大率 $\left(1+\dfrac{R_2}{R_1}\right)$ ×在可變電阻的分壓 $\left(\dfrac{R_4}{R_3+R_4}V_{in}\right)$
>
> 利用可變電阻（音量調整器）改變輸出的大小

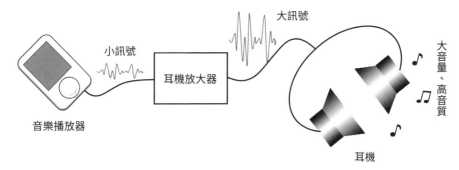

圖 5-3-1 將小訊號變大的耳機放大器

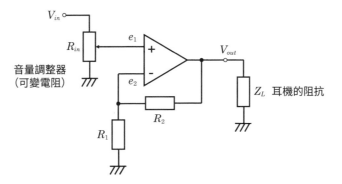

圖 5-3-2 耳機放大器的電路構成

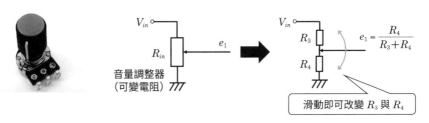

圖 5-3-3 音量調整器的構造

5-④

讓喇叭發出聲音的電路

喇叭與耳機的差別

喇叭與耳機的構造雖然相同，但是最大的差別為輸出功率。耳機是靠近人的耳朵播放音樂，因此不需要太大的聲音。而喇叭是相隔一段距離來聽音樂，因此必須輸出大的聲音。為了輸出大的聲音，必須施加大的功率在喇叭上。耳機的最大輸出功率為數百mW～數W，但是喇叭則是數十W～數百W（圖5-4-1）。

用來使喇叭發出聲音的電流

為了使需要大功率的喇叭發出聲音，必須流過大的電流到喇叭。喇叭的阻抗非常小，只有4Ω或8Ω等。阻抗的值會隨著頻率而改變，例如要驅動功率40W、阻抗4Ω的喇叭時，需要

$$I = \sqrt{\frac{W}{Z_L}} = \sqrt{10} \cong 3.16 \text{A}$$

的電流。運算放大器可輸出的電流大多為mA等級，因此僅靠運算放大器無法驅動喇叭（圖5-4-2）。

用來使喇叭發出聲音的緩衝電路

為了流過大的電流，需要4-7節中說明的緩衝電路。只要用可流過大電流的電晶體製作緩衝電路，即可流過大的電流至喇叭。緩衝電路有A級緩衝與B級緩衝，但是要聽高音質的音樂，高線形性的A級緩衝較為適合。然而，由於

消耗功率會變大，因此大多使用動作介於A級緩衝與B級緩衝之間的AB級緩衝（圖5-4-3）。

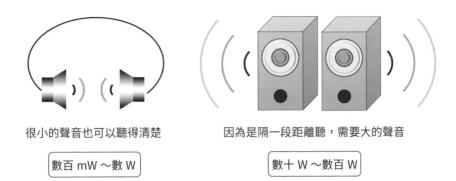

很小的聲音也可以聽得清楚

數百 mW ～數 W

因為是隔一段距離聽，需要大的聲音

數十 W ～數百 W

圖5-4-1 音響放大器比耳機的輸出高

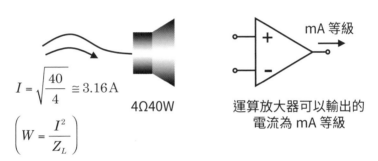

$$I = \sqrt{\frac{40}{4}} \cong 3.16\,\text{A}$$

$$\left(W = \frac{I^2}{Z_L} \right)$$

4Ω40W

mA 等級

運算放大器可以輸出的
電流為 mA 等級

圖5-4-2 喇叭與輸出電流的關係

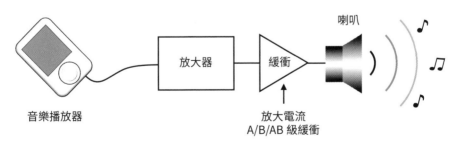

喇叭

音樂播放器

放大器

緩衝

放大電流
A/B/AB 級緩衝

圖5-4-3 緩衝的功能

5-⑤

用來聽收音機的電路

廣播與電波

　　廣播是利用稱為電波的訊號，它可在空氣與宇宙空間中移動。受助於電波，我們可以使用攜帶式收音機或在車內收聽從遠方的廣播電台所發送的廣播。電波無法用眼睛看見。因此，電波的性質很難理解，而實際上它是光的家族成員，所以具有與光相同的性質。

　　電波的速度與光的速度（3×10^8m/s）相同，並具有波的性質。依照廣播電台不同，廣播的電波頻率也不同。你可以調到你想聽的廣播電台的頻率來收聽廣播。

收音機的基本電路構成

　　為了聽廣播，必須要有天線、調諧電路、檢波電路、濾波電路、放大電路這5種電路區塊（圖5-5-1）。

　　天　　線：將電波轉換成電氣訊號
　　調諧電路：只通過特定頻率的訊號（選擇頻道）
　　檢波電路：接收的電氣訊號只取出正向部分
　　濾波電路：去除聲音以外的訊號
　　放大電路：將訊號放大（達到人可聽到的音量）

電波與天線

　　天線是指接收電波並將其轉換成電氣訊號的元件。天線可接收的電波依電波的波長而定。**波長**是指1週期的期間所前進的距離。頻率f〔Hz〕的電波，每1秒鐘會產生f次的波，因此1週期的時間為T＝1/f秒。也就是說，T秒的時間中以光速c（3×10^8m/s）前進的距離為波長λ（圖5-5-2）。

> **波的長度（波長）**
>
> 波長 λ ＝週期 T ×電波的速度（光速）c
>
> 每1週期前進的距離為波長

在日本，NHK福岡第1放送為612kHz，第2放送為1017kHz，因此第1放送的波長約490m，第2放送的波長約294m。

一種簡單的天線是1/2波長天線，廣播的電波波長很長，因此改變天線形狀來小型化。不過，小天線的接收能力弱，需要強大的放大電路。

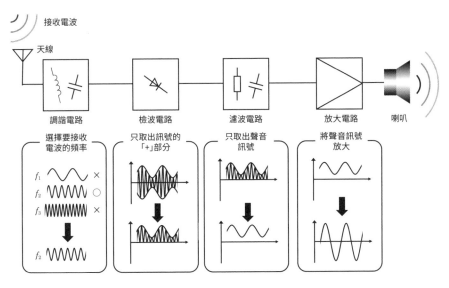

圖 5-5-1 收音機的原理

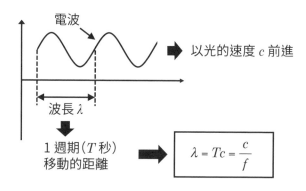

圖 5-5-2 波長與週期（頻率）的關係

選擇頻率的調諧電路

調諧電路可以設定要接收的頻率。廣播的頻率會依廣播電台而異，因此為了選擇想要接收的廣播電台，這是必要的電路。

調諧電路是由L與C所構成。由天線轉換成的電氣訊號流入L與C的並聯電路，而產生電壓降。此時產生的電壓大小會由LC並聯電路的阻抗來決定。

線圈具有容易通過低頻訊號與不易通過高頻訊號的特性。也就是說，低頻時的阻抗低，而高頻時的阻抗高。

另一方面，電容具有不易通過低頻訊號與容易通過高頻訊號的特性。也就是說，低頻時的阻抗高，而高頻時的阻抗低。將這2個組合，可以製作在某個特定頻率時阻抗高的電路。並聯連接L與C電路的阻抗變高時的頻率稱為**共振頻率**。

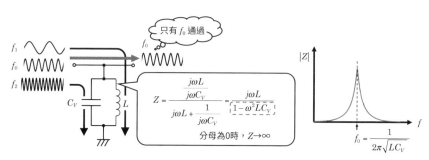

圖 5-5-3 調諧電路的原理

共振頻率以外的頻率訊號會通過線圈或電容而落到GND。而共振頻率附近的訊號不會通過LC電路，會直接流向輸出端子。

從電波取出聲音訊號

廣播有分AM廣播與FM廣播2種。AM廣播是使用訊號的振幅來傳送聲音，而FM廣播則是使用訊號的頻率來傳送聲音。在此將說明從AM廣播的電波取出聲音訊號的方法。

人類可以聽到的聲音頻率大約落在20Hz～20,000Hz的範圍中。如果要以此頻率來發送電波，為了要發送波長很長的電波，將需要一個長得離譜的天線。於是，AM廣播改變高頻訊號（稱為載波）的振幅，來傳送聲音訊號。圖5-5-4所示波形的外側為聲音訊號。

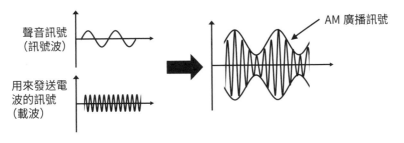

圖 5-5-4 AM廣播的訊號

如圖5-5-4所示，AM廣播訊號的正側與負側雙方都載有聲音訊號，因此高頻與低頻混在一起。為了取出聲音訊號，首先只取出正側的訊號。當「只要取出正側的訊號」時，就使用二極體的整流特性。在正側單側的訊號中，還載有載波的高頻成分。為了去除高頻成分，使用只可以通過低頻訊號的**低通濾波器**。這可使用4-9節中說明的濾波電路來製作，利用「電容容易通過高頻訊號」的特性。

像這樣，如果使用二極體與電容器，就可以取出載波上的訊號波。

聲音訊號的放大

從廣播的電波所接收的聲音訊號也可以直接在耳機收聽，但是可接收之電波的能量非常小，只可以聽到非常小的聲音。為了要用大的音量收聽廣播，使用5-3節或5-4節中說明的放大電路。

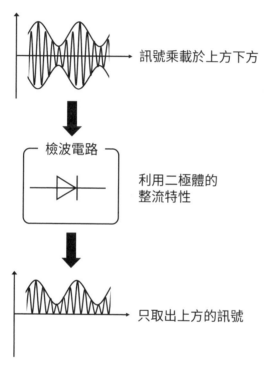

訊號乘載於上方下方

檢波電路

利用二極體的
整流特性

只取出上方的訊號

圖5-5-5 只通過正的訊號

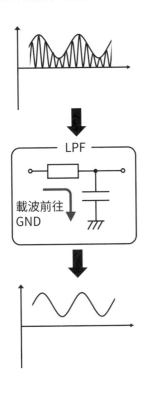

圖5-5-6 載波的去除

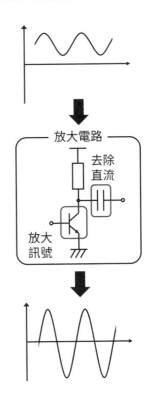

圖5-5-7 訊號的放大與直流成分的去除

正回饋

　　本書前面說明了負回饋，即是將運算放大器的輸出反相並回饋至輸入。但是還有一種**正回饋**，即不將輸出反相，直接回饋。正回饋時，放大的訊號再次返回到輸入並放大，因此永遠地重複放大。透過這樣的重複，雜訊等微弱的訊號也同樣被放大，而成為不穩定的輸出訊號。即使是負回饋電路，隨著訊號的頻率變高而相位改變，從而變成正回饋。電路設計者會使用電容等，這樣即使變成正回饋也不會變得不穩定，以確保電路的穩定性。

　　另外，如果善於利用正回饋，可以製作完全不需輸入也可以輸出正弦波等的振盪電路。

供給固定電壓的電路

製作電子電路所必須的電壓

電子電路使用直流電壓的能源來動作。乾電池能產生這種直流電壓。然而，乾電池的電壓為1.5V，因此無法輸出3.3V或5V等不是1.5倍數的電壓（圖5-6-1）。另外，如果流出大量電流或是電池長時間使用，電壓會下降。

除了電池外，如果使用可將交流電壓轉換成直流電壓的AC配接器，就可以從插頭的電壓製作出直流電壓。然而，由於從交流轉換成直流的影響，電壓會產生變動（圖5-6-2）。

像這樣，電子電路的電源有時並非適當的值或是會變動，因此需要將電壓保持固定的電路。這種將電壓保持固定的電路稱為**電源電路**或**定電壓源**（電路）。

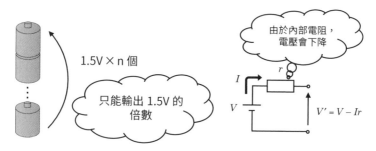

圖5-6-1 不能只使用電池做為電源

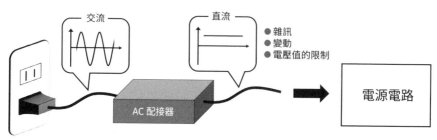

圖5-6-2 只靠AC配接器並無法使用

3端子穩壓器

　　輸出固定電壓的元件有3端子穩壓器。**3端子穩壓器**是把用來輸出固定電壓的電路做成IC晶片。3端子穩壓器內的電路會隨時確認供給的電壓值是否偏離目標電壓值，如果偏離，就會調整成目標電壓值。比目標電壓值大的多餘電壓會以熱的形式釋出（圖5-6-3）。

切換式穩壓器

　　3端子穩壓器只能輸出比輸入電壓低的電壓。而切換式穩壓器則可輸出比輸入大的電壓。此外，具有產生負電壓的電路或產生正負2種電壓（雙電源）的電路，可使用做為運算放大器的電源（圖5-6-4）。

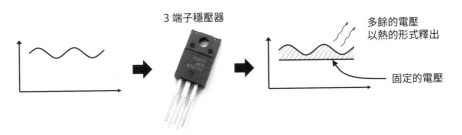

圖5-6-3 透過3端子穩壓器產生電壓

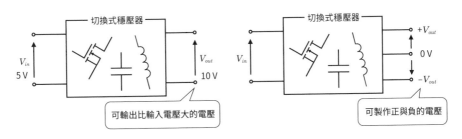

圖5-6-4 切換式穩壓器可產生的電壓

5-⑦

對光線產生反應的電路

對光線產生反應的電路

　　如同3-11節中的說明，如果使用感測器，電子電路將可以做各種事情。本節將介紹使用對光線反應的感測器（光電感測器）的電路。如果使用光電感測器，可以製作當變暗時會自動點亮的照明。

光電感測器的動作

　　光電感測器如果接受到光線，會將接受到的光能轉換成電能，造成電流流動。不過，這時流過的電流非常小，是μA等級這種小電流。要將這種小電流放大時，會使用雙極性電晶體。**雙極性電晶體**可將極小的基極電流放大成大的集極電流。因此，從光電感測器流過來的電流如果流入電晶體的基極，則將可以得到mA等級的電流。

變暗就會點亮的電路

　　做為光電感測器的應用，讓我們思考一種「當變暗就會點亮」的電路。首先，如同前面的說明，如果使用光電感測器與雙極性電晶體，就可以製作當變亮時電流會流動的電路（圖5-7-1）。並且，用雙極性電晶體的電流來驅動LED，即可完成利用光電感測器點亮LED的電路。

　　但是，這次是「當變暗就會點亮」，因此當變暗時，電流必須流過LED。現在的狀態是當變暗時電流不會流動，而當變亮時電流會流動。如圖5-7-2，如果在雙極性電晶體的集極端子上接上電阻，當感測器接受到光線而電流流動時，電阻的電壓降會變大，不再施加電壓於LED上。而當變暗而感測器沒有接受到光線時，電流沒有流到電阻，因此電阻的電壓降消失，電壓施加於LED上而點亮。這樣即可完成當變暗時會點亮的電路。

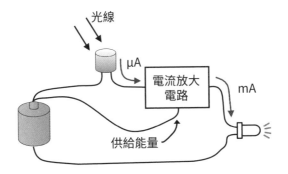

光線

μA

電流放大
電路

mA

供給能量

圖5-7-1 利用光電感測器點亮LED的電路

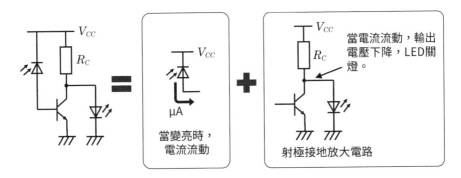

V_{CC}

R_C

$=$

V_{CC}

μA

當變亮時，
電流流動

$+$

V_{CC}

R_C

當電流流動，輸出
電壓下降，LED關
燈。

射極接地放大電路

圖5-7-2 當周圍變暗時會點亮LED的電路

1 bit加法電路

數位電路的運算

數位電路的運算是使用2進制。2進制的位數稱為bit（位元）。如果是2bit，可以用00、01、10、11來表示。如果將這些用10進制表示，則是0、1、2、3。也即是說，如果使用2bit，最多可以表示到3。

1bit的加法可計算從0＋0＝0到1＋1＝10。將這整理成表就如表5-8-1所示。X是1的位數，Y是10的位數。

用來執行1bit加法器的邏輯式

接著利用表5-8-1來建立邏輯式。在建立邏輯式時，例如，A是0時用$\overline{A}$表示，A是1時用A表示。B也用同樣方式表示（圖5-8-1）。接下來考慮一下當X（1的位數）為1時的情形。當X為1時是「A為1」且「B為0」，或「A為0」且「B為1」時。用邏輯式表示就如同以下公式。

> **1bit的加法**
>
> X＝（A且$\overline{B}$）或（$\overline{A}$且B）
>
> 乘法意味著AND（且），而「V」意味著OR（或）
>
> $\overline{B}$與$\overline{A}$各自表示B與A的反相值。例如，B＝1時則$\overline{B}$＝0。

A	B	Y	X
0	0	0	0
0	1	0	1
1	0	0	1
1	1	1	0

表5-8-1 1bit的加法

另一方面，當Y（10的位數）為1時是只有「A為1」且「B為1」時。

$Y=AB$

邏輯式的電路化

接著，只要將邏輯式轉換成電路即可。由於Y的邏輯式較為簡單，先來考慮Y。「$Y=AB$」是意味著「$Y=$（A）AND（B）」，即意味著「將A與B用AND連接」。而B是將「A與$\overline{B}$的AND」與「$\overline{A}$與B的AND」用OR連接。將這些轉換成電路就如圖5-8-2。

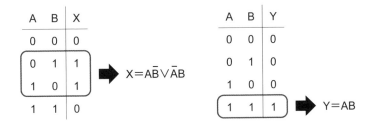

A	B	X
0	0	0
0	1	1
1	0	1
1	1	0

$X=A\overline{B}\vee\overline{A}B$

A	B	Y
0	0	0
0	1	0
1	0	0
1	1	1

$Y=AB$

圖5-8-1 用邏輯式的表示方式

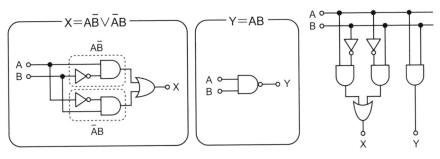

圖5-8-2 邏輯式的電路化

127

⚠️ 數位電路的製作方法

　　設計數位電路的方法有好幾種。在學校上課時大多如同本書的說明，使用邏輯式。然而，實際的數位電路設計是如同程式設計般地進行。尤其多數是使用硬體描述語言（HDL）進行設計，包括Verilog HDL或VHDL等硬體描述語言。如果使用硬體描述語言，即使沒有數位電路的知識，也可以簡單地製作大規模的數位電路。但是，如果要在意小細節，電晶體程度的知識是必要的。

　　使用硬體描述語言設計的電路只要將布局數據委託IC製造公司，即可代為製造，但是IC的製造需要龐大的費用。一般個人在製造數位電路時使用**FPGA**（Field-Programmable Gate Array）較為方便。FPGA是一種可以配合程式改變電路連接的IC。只要將硬體描述語言所寫的電路資訊傳到到FPGA，FPGA就會依照描述的電路進行動作。與程式設計相同，可以反覆地重新製作，因此可以輕鬆地進行數位電路設計。

第**6**章

「簡單！」
電子製作

本章將說明如何使用目前為止所學到的電子電路知識來
進行製作。只具備電子電路的知識並無法製作，因此將
會說明製作時所必須知道的知識。另外，也將說明電路
的設計手法。此時，將需要使用到目前為止學到的電子
電路知識。請透過電子製作來加強電子電路的知識。

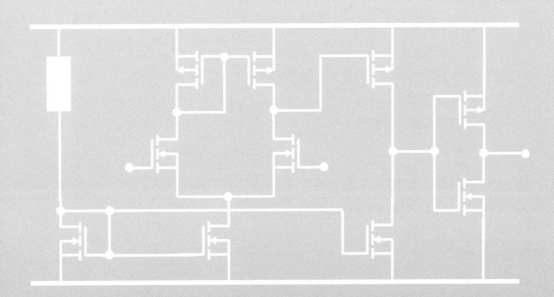

6-①

電子製作

何謂電子製作

電子製作是指利用電子電路的知識來製作電路。在第5章中說明了使LED發光的電路與使喇叭發出聲音的電路。電子製作就是實際製作這樣的電路。此時，就需要前一章為止所學過的知識。不過，只是死記硬背電子電路的算式並無法進行電子製作。

例如，在電子電路中會考慮「施加5V的電壓在1kΩ的電阻上，會流過幾A的電流呢？」。但是在製作時，必須考慮「施加5V的電壓，想要流過5mA的電流時，要使用幾Ω的電阻才可以？」（圖6-1-1）。

必須具備將目前為止學過的知識進行反向思考的能力。如果可以這樣思考，必定可以更深入理解電子電路。

電子製作的流程

進行電子製作時，首先必須考慮要製作什麼東西。再決定所需的電路、該電路的性能與電源電壓等規格。接著，計算用來滿足規格的電阻值與電容值等元件值，並準備所需零件。零件準備好後，接著製作電路並確認動作。

1. 考慮要製作的電路。
2. 決定電路的規格與構成。
3. 依照電路規格，計算電阻值等元件值。
4. 準備所需的零件。
5. 製作電路（焊接等）。
6. 確認動作。

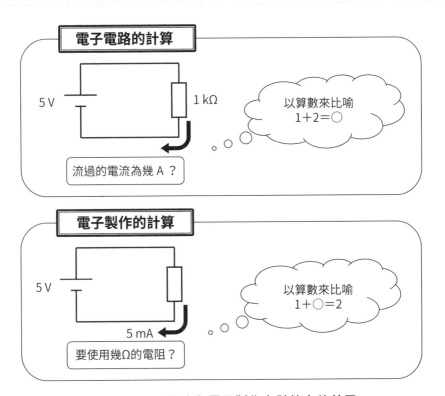

圖6-1-1 電子電路與電子製作在計算上的差異

電路名稱	動作內容
LED 點燈電路	打開開關後LED即點亮。 （請理解電阻的功能）
耳機放大器	將音樂播放器的訊號放大並從耳機發出聲音。 （請學習運算放大器的使用方法）
音頻放大器	將耳機放大器的輸出功率放大並透過喇叭發出聲音。（將功率放大）
電源電路	抑制電壓變動，輸出電流即使變化也能供給固定的電壓。（請學習穩定的電壓供給）
光電感測器電路	周圍變暗則LED點亮。（在輸入端使用感測器以使LED自動點亮）

表6-1-1 本章將介紹的電路

6-②

LED點燈電路的製作

LED點燈電路

　　讓我們來思考用來點亮LED的電路，使LED流過20mA的電流。這個電流值是在記載LED特性的規格表上所標示的標準電流值，因此20mA左右不會有問題。但是，不可以流過超過**最大額定值**的電流，因為這會損壞元件（圖6-2-1）。

　　此外還需要用來流過LED電流的電源，與用來控制電流的元件。這裡是使用4顆乾電池做為電源，使用電阻來控制電流。

　　電路如圖6-2-2所示。用電阻控制從乾電池送來的電流，並流至LED。

電阻值的計算

　　由於已決定電路的規格與構成，接著要決定電阻值。電阻值可使用歐姆定律，由電壓與電流來求得。電流是流過LED的20mA。接著只要求得施加在電阻的電壓即可（圖6-2-3）。

　　電源電壓是用4顆乾電池製作，因此施加在電阻與LED這2個元件的電壓為1.5V×4＝6V。另外，LED流過20mA時，LED的電壓降為2.1V左右。這也記載在規格表上。電源電源6V減去LED的電壓2.1V為3.9V，就是實際施加在電阻上的電壓。因此，電阻值為3.9V÷20mA＝195Ω。

| Type No. | Material | Emitted Color | Absolute Maximum Ratings | | | | | Electro-Optical Characteristics | | | | | Wavelength | | |
| | | | Power Dissipation | Forward Current | Peak Forward Current | Reverse Voltage | ※1 Derating | Forward Voltage VF | | | Reverse Current IR | | Peak | Spectral Line Half Width | |
			Pd	IF	IFM	VR	ΔIF	TYP.	MAX.	IF	MAX.	VR	λp TYP.	Δλ TYP.	IF
EBR / BP						4	0.67	1.7	2.0	20	100	4	660	30	20
EVR / V						4	0.33	2.0	2.5	20	100	4	630	30	20
EMVR /						4	0.40	2.0	2.5			4	630	30	20
PR						4	0.33	2.1							10
MPR			75	30	75	4	0.40	2.1							10
PG-Y			125	50	100	4	0.67	2.1							20
EPG / PG	GaP	Green	125	50	100	4	0.67	2.1	2.5	20	100	4		30	20
EMPG / MPG			70	25	60	4	0.33	2.1					560		20
EBG / BG	GaP	Pure Green	125	50	100	4	0.67	2.1	2.5	20	100	4	555	30	20
EMBG / MBG			70	25	60	4	0.33	2.1	2.8	20	20	4	555	30	20
Units			mW	mA	mA	V	mA/℃	V		mA	μA	V	nm	nm	mA

最大額定值
（使用時不可超過這個值）

在製作 LED 點燈電路
時參考的電流值

圖6-2-1 LED（EBG3402s）的規格表（部分省略）

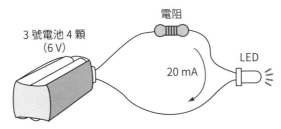

電阻

3 號電池 4 顆
（6 V）

20 mA

LED

圖6-2-2 要製作的 LED 點燈電路

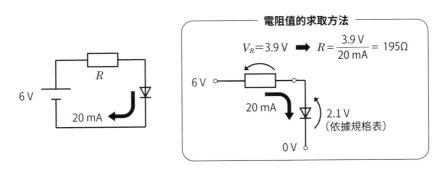

電阻值的求取方法

$V_R = 3.9\,\text{V}$ ➡ $R = \dfrac{3.9\,\text{V}}{20\,\text{mA}} = 195\,\Omega$

6 V

R

6 V

20 mA

20 mA

2.1 V
（依據規格表）

0 V

圖6-2-3 電阻值的計算

133

電阻的挑選方法

已經知道所需的電阻值為195Ω，但是恐怕並沒有辦法找到這樣的電阻值。如同3-2節的說明，市售的電阻是依照E系列來準備。如果是E12系列，是販售150Ω、220Ω、270Ω這樣的電阻值。

也就是說，為了達到195Ω，需要使用多個電阻。但這次並不需要如此嚴格地達到所需電阻值，可使用與195Ω最接近的220Ω來替代。電阻用220Ω時，LED流過的電流為 3.9V ÷220Ω ＝ 17.7mA。如果考量電阻有數%的誤差，這樣的誤差並不是很大的問題。

比起這個，更需要注意的是電阻所消耗的功率。電阻具有**額定功率**，用來決定可消耗的功率。如果給予電阻的功率大幅超過其額定功率，則電阻會過度發熱而燃燒。這次在220Ω的電阻上施加3.9V的電壓，因此電阻所消耗的功率P為：

$$消耗功率 = \frac{（電壓）^2}{電阻} = \frac{3.9^2}{220} \cong 69.1\text{mW}$$

電子製作經常使用的電阻的額定功率為0.25W，稱為**1/4W電阻**。69.1mW遠小於0.25W，因此可以使用，不會有問題。

LED點燈電路的製作

準備好表6-2-1所示的零件後，將LED與電阻插在麵包板上，用跳線連接所有的元件（圖6-2-5）。最後連接電池。電池盒上方的線為正，下方的線為負。將開關接上電池的正側即可控制LED的亮滅，非常方便。

品名	元件值	個數
LED（EBG3402s）		1
1/4W 碳膜電阻	220Ω	1
3 號電池	1.5V	4
電池盒		1
麵包板		1

表6-2-1 使用的零件

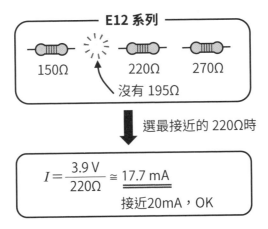

$$I = \frac{3.9\,V}{220\Omega} \cong 17.7\,mA$$

接近20mA，OK

圖6-2-4 挑選E12系列電阻時的注意點

電路圖　　　　　元件的配置　　　　　　完成照片

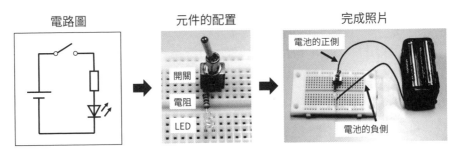

圖6-2-5 LED點燈電路

耳機放大器的製作

電路構成

本節要製作放大器，該放大器是使用運算放大器的非反相放大電路所構成。為了容易計算，放大器整體的放大率設為7.8倍，輸入端連接可變電阻，以進行音量的調整（圖6-3-1）。

從放大率來計算電阻值

使用4-5節與5-3節中所學到的知識來求取電阻值，用在非反相放大電路中執行7.8倍的放大率。非反相放大電路的放大率為

$$放大率 = 1 + \frac{R_2 的電阻值}{R_1 的電阻值} = 7.8$$

因此

$$\frac{R_2 的電阻值}{R_1 的電阻值} = 6.8$$

所以，得知R_2只要是R_1的6.8倍即可。算式為R_2與R_1，1Ω與6.8Ω或$100k\Omega$與$680k\Omega$皆可，實際上將使用數百Ω～數十$k\Omega$的電阻。這次將以$R_1 = 1k\Omega$、$R_2 = 6.8k\Omega$來設計。

如果電阻值太小，會從輸出往GND流過大的電流，使消耗功率變大，造成運算放大器無法輸出電流。相反地，如果電阻值太大，電阻產生的雜訊會太大，影響運算放大器的輸入阻抗（圖6-3-2）。需要考慮各種特性後再決定元件的值。首先要意識到「在電子電路中學到的算式要如何使用」，並進行製作。

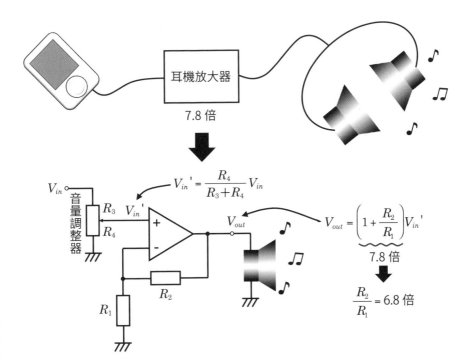

$$V_{in}' = \frac{R_4}{R_3+R_4} V_{in}$$

$$V_{out} = \left(1 + \frac{R_2}{R_1}\right) V_{in}'$$

7.8 倍

$$\frac{R_2}{R_1} = 6.8 \text{ 倍}$$

圖6-3-1 要製作的運算放大器

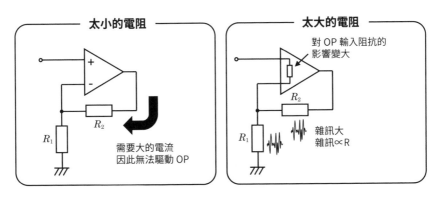

圖6-3-2 回饋電阻的大小對電路的影響

運算放大器的電源與GND

　　音樂的電氣訊號具有正反兩向的訊號，因此運算放大器也必須輸出正反兩向的訊號。運算放大器可輸出的電壓範圍為電源電壓以下，因此運算放大器的電源也需要正負2種，稱為**雙電源**。

　　使用的電源為乾電池。要簡便地用乾電池製作雙電源時，就使用1組乾電池做為正電源，另1組乾電池做為負電源。

　　此時，正電源的－端子與負電源的＋端子做為GND（0V）。如果1組有4顆電池時，可以用GND為中心，製作±6V的電壓（圖6-3-3）。GND為電路整體的基準電位。聲音訊號也需要基準電位，因此將剛才製作的GND連接耳機插孔的GND端子。

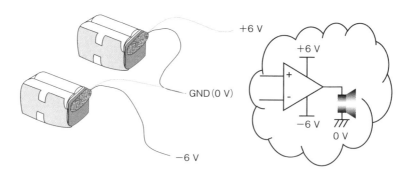

圖6-3-3 耳機放大器的電源

耳機放大器的製作

　　準備好必要的零件（表6-3-1）後，將電阻與運算放大器插入麵包板，並依據電路圖用連接進行跳線。此時，請注意運算放大器的腳位排列。運算放大器的腳位配置會依據種類不同而異，請務必查看規格表。NJM4580DD的腳位配置如圖6-3-4。IC中有2個運算放大器，請使用其中任一個。

　　腳位上附有編號，封裝中有凹下的一方，其〇符號起為第1腳位。將電源接上運算放大器時，請注意電源的正（V+）與負（V-）不要接反了。

製作的電路如圖6-3-5。將智慧型手機或音樂播放器連接耳機插孔，播放聲音看看。

品名	元件值	個數
運算放大器（NJM4580DD）	1	
碳膜電阻	1 kΩ（1/4 W）	1
	6.8 kΩ（1/4 W）	1
3 號電池	1.5 V	8
電池盒		2
麵包板		1
耳機插孔（3.5mm 迷你插孔基板安裝用）		2
音量調整器	47 kΩ	1

表6-3-1 必要的零件

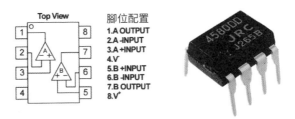

圖6-3-4 運算放大器的腳位配置（依據規格表）

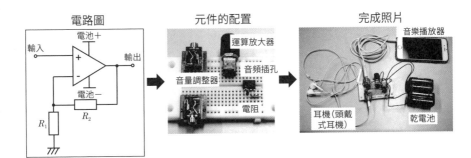

圖6-3-5 耳機放大器的製作（耳機插孔）

音頻放大器的製作

電路構成

　　無論是音頻放大器或耳機放大器，其電路的功能都相同，但是可輸出的電流大小不同。如同5-3節的說明，耳機放大器無法流出非常大的電流至喇叭，因此無法發出大的音量。

　　如果你已經製作了耳機放大器，請試著連接喇叭。將6-3節中製作的耳機放大器連接喇叭並調高音量後，會從喇叭聽到吱吱的雜音，音質明顯變差。為了讓喇叭可以發出大的聲音，需要在耳機放大器的輸出端接上緩衝電路（圖6-4-1）。

緩衝電路的構成

　　這裡會使用稱為「互補推輓射極隨耦器」的緩衝電路。**射極隨耦器**是指集極接地電路，因為輸出阻抗低，可以驅動大的負載。**推輓**是表示透過推拉電流，將電流引入的動作。**互補**含有「相輔相成」的意思，是指在推輓動作的「推」與「拉」時，使用特性完全相反的電晶體。基本上npn型與pnp型具有相反的特性。

　　緩衝電路的電路圖如圖6-4-2所示。若在緩衝電路上輸入正電壓，則電流流過上方的npn型電晶體；若輸入負電壓，則電流流過下方的pnp型電晶體。

　　但是，要讓電流流過電晶體，在基極–射極間必須保持0.6V左右的電壓，因此當放大器的輸出為0V時，電流不會流過任一方的電晶體，訊號會產生扭曲。

　　為了防止這種現象，需要可以產生0.6V的電路。於是使用二極體來產生0.6V。如3-6節的說明，二極體可做為定電壓源使用。

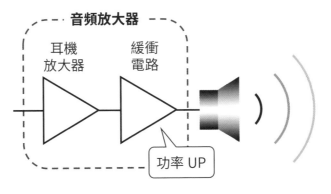

圖6-4-1 利用緩衝電路加強輸出功率

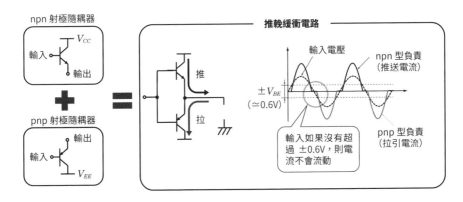

圖6-4-2 推輓緩衝電路

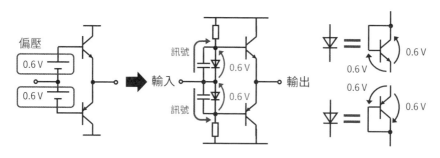

圖6-4-3 偏壓的製作方法

　　如果將電晶體的基極與集極連接，則與二極體一樣可以產生0.6V。只要使用相同型號的電晶體，就可簡單地製作基極–射極間電壓（0.6V），因此這次不使用二極體，而是使用電晶體（圖6-4-4）。

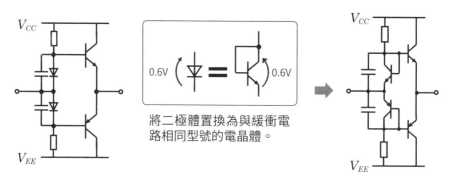

將二極體置換為與緩衝電路相同型號的電晶體。

圖6-4-4 使用相同型號的電晶體產生偏壓

　　另外，雖然接在偏壓電路的2個電阻小一點比較好，但若是太小，運算放大器的輸出電流會太大而無法輸出訊號。這次選用與回饋電阻差不多大小的電阻，即使用3.3kΩ的電阻。

音頻放大器的製作

　　將2個雙極性電晶體插在麵包板上，製作緩衝電路。將6-3節耳機放大器的輸出端子連接緩衝電路的輸入端。此時，請將回饋電阻R2連接緩衝電路的輸出端，而非運算放大器的輸出端。要將運算放大器與緩衝電路一起看做是1個放大器。

當完成音頻放大器後，接著連接喇叭。喇叭有正端子和負端子，將喇叭的正端子連接音頻放大器的輸出端子、負端子連接GND。最後請連接音樂播放器並播放音樂看看，會發現用喇叭可以發出大的聲音。

品名	元件值	個數
耳機放大器（在 6-3 節製作的）		1
npn 型電晶體（2SC3422）		3
pnp 型電晶體（2SA1359）		3
碳膜電阻	3.3 kΩ（1/4 W）	2
電解電容器	100 µF	2
喇叭	80 W 4Ω	1

表6-4-1 必要的零件

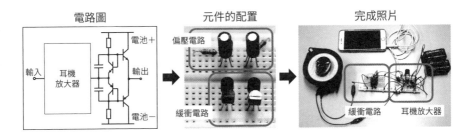

圖6-4-5 音頻放大器的製作

電源電路的製作

音頻放大器所使用的電源問題點

　　AC配接器所產生的直流電壓也可以做為音頻放大器的電源使用。然而，AC配接器所產生的電壓中含有許多雜訊成分，並不適合做為重視音質的音頻放大器的電源。所以會習慣使用乾電池。乾電池是藉由化學反應來產生電壓，沒有AC配接器般的雜訊。

　　但是，乾電池的電壓在長時間使用後會降低。另外，如果流出大的電流，由於乾電池內部電阻會使電壓降低（圖6-5-1）。像這樣光靠乾電池並無法提供穩定的電壓。

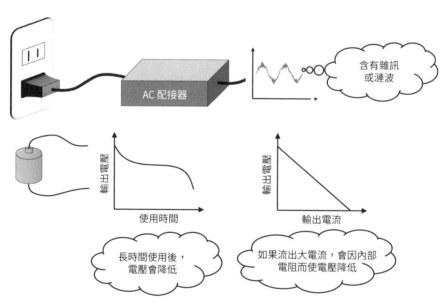

圖6-5-1 AC配接器與乾電池的問題點

可供給低雜訊且穩定電壓的3端子穩壓器

　　3端子穩壓器是一種可供給低雜訊且穩定電壓的電路。許多AC配接器是用開關調整電壓，但是這個開關會產生大的雜訊。另一方面，3端子穩壓器由於不使用開關，不會產生大的雜訊。

　　另外，為了使輸出電壓不會變動，會經常對輸出進行監控。當輸出電壓可能下降時，會供給更多電流至輸出端，以防止輸出降低。

使用3端子穩壓器的電源電路構成

　　這次使用的3端子穩壓器是稱為17805T的IC。輸入7～35V的直流電壓至17805T，即會輸出5V的直流電壓。

　　輸入至3端子穩壓器的電壓中包含**雜訊成分**與稱為**漣波**的波動電壓。雜訊與漣波為隨著時間變化的電壓，因此可以用電容器C1去除。

　　另外，3端子穩壓器可以一邊檢測輸出電壓，一邊調整輸出，也就是所稱的**回饋電路**。電路的動作速度有其極限，如果輸出的變動快，則輸出與調整會產生偏移。如果產生這種偏移，則會產生**振盪**的現象，導致無法輸出直流電壓。為了防止振盪，會在輸出端子上連接電容器C2。電容器有抑制回饋電路的調整偏移功能。另外，C2具有去除雜訊的功能，可以供給更為穩定的直流電壓（圖6-5-2）。

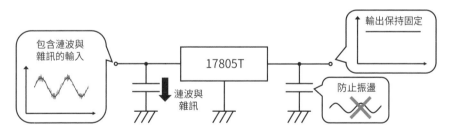

圖6-5-2 使用3端子穩壓器的電源電路

電路的製作

　　備好表6-5-1所列零件後，就使用麵包板進行連接。這次零件很少，非常簡單。但是，連接時請注意3端子穩壓器的腳位配置。

　　電解電容器的正端子連接3端子穩壓器的第1腳位、負端子連接第2腳位。另一個電解電容器的正端子連接第3腳位、負端子連接第2腳位。

　　這樣就完成電路了。接著透過電池或AC配接器輸入電壓，即可輸出固定的電壓。此時請輸入大於7V且小於35V的電壓。

品名	元件值	個數
3 端子穩壓器（17805T）	輸出電壓 5V	1
電解電容器	100μF	2
麵包板		1
積層乾電池（006P 方型 9V）或 AC 配接器（輸出電壓 7V ～ 35V）		1

表6-5-1 必要的零件

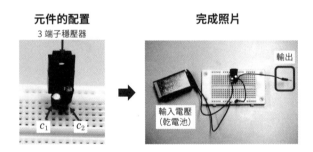

圖6-5-3 3端子穩壓器的製作

光電感測器電路的製作

使用光電感測器

　　本節將在輸入端使用光電感測器，以使6-2節中介紹的LED點燈電路自動化。具體來說，是使用S9648-100的光電二極體（光電感測器），製作「當變暗時LED會點亮」的電路。當S9648-100接受到100lux亮度的光線時，會流出約0.26mA的電流。就使用這個電流來製作LED點燈電路。

將光電二極體的電流進行放大、反相的電路

　　這次使用射極接地電路。將光電二極體的小電流用雙極性電晶體放大，並流經電阻R_c。當電流流至雙極性電晶體時，R_c會產生大的電壓降，因此幾乎不會施加電壓至LED上。

　　另一方面，當光電二極體沒有接受光線，電流沒有流至雙極性電晶體的基極時，流至R_c的電流會流進LED，而將LED點亮。

電阻值的計算

　　這次使用稱為EBG3402S的LED。此LED的標準電流為20mA，因此將此做為電流的目標值。當LED流過20mA時，LED的順向電壓為2.1V。乾電池4個串聯連接時的電源電壓為6V，因此施加在電阻R_c的電壓為6V － 2.1V ＝ 3.9V（圖6-6-1）。

　　流過LED的電流為20mA，所以流過電阻R_c的電流也是20mA。當20mA的電流流過施加3.9V電壓的電阻時，其電阻值為

$$R_c = \frac{3.9V}{20mA} = 195\,\Omega$$

　　由於E6系列的電阻中沒有195Ω，因此與LED點燈電路（6-2節）相同，使用220Ω。

第6章

「簡單！」電子製作

品名	元件值	個數
光電二極體（S9648-100）		1
npn 型電晶體（2SC815）		1
LED（EBG3402S）		1
1/4 W 碳膜電阻	220Ω	1
3 號電池	1.5 V	1
電池盒		4
麵包板		1

表6-6-1 必要的零件

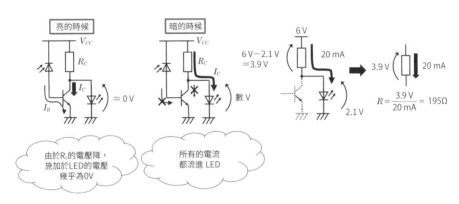

圖6-6-1 光電感測器電路的動作與電阻值的計算

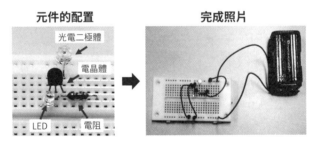

圖6-6-2 光電感測器電路的製作

第 7 章

總複習
電子電路的學習方法

本書至此已說明了電氣的基本定律與公式的意義，並說明了使用這些的電路分析。另外，透過實用的電路，讓讀者對於定律與公式有更深入的理解。讀到這裡，應該已經理解了電子電路的基礎。本章將介紹一些技巧，可用來之後更加詳細地學習電子電路。希望讀者可以參考本章，更加深入理解電子電路，並製作各種電路。

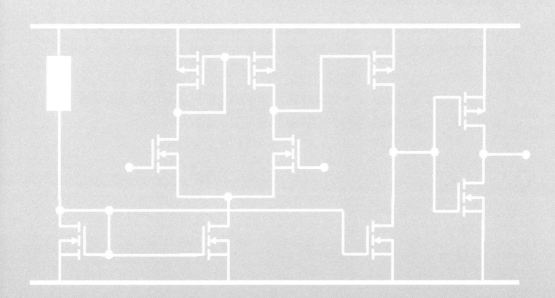

7-①

確實學好基礎

電氣的基礎

在我們身邊有許多依靠電氣動作的產品，但是「電氣」本身並無法用眼睛看見，並且很難利用公式與定律來記得看不見的東西。

首先對於電氣的性質及其真實面貌要能夠有個基本概念。當施加電壓在電燈泡或電阻上，電流會從電壓高處往電壓低處流動。這電流的真實面貌是稱做**電子**的粒子，會以和電流相反的方向流動（圖7-1-1）。

電流流動的難易度會依材料而異。可以分成容易讓電流流通的**導體**、不容易讓電流流通的**絕緣體**、與電流流通性介於導體與絕緣體中間的**半導體**這3種。

電子電路可以利用半導體來放大或計算電流。另外，電子電路加上資訊（**程式**），可以製造出像機器人般可進行複雜動作的產品（圖7-1-2）。

電氣電路的基礎

電子電路可運用在電氣電路中學習的公式與定律。電壓與電流，有不隨時間變化的直流與隨時間變化的**交流**。

歐姆定律這最基本的定律適用於直流，也適用於交流。歐姆定律是指「電流與電壓成正比」，其比例常數的倒數就是**電阻**，表示電流的不易流動性。

首先想像電子的流動，就能逐漸理解歐姆定律。理解了歐姆定律後，就可以使用它來理解克希荷夫定律與合成電阻（圖7-1-3）。

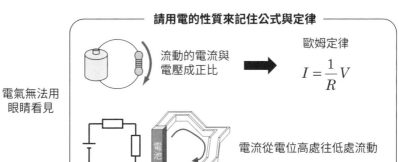

圖7-1-1 無法用眼睛看見的電氣的學習方法

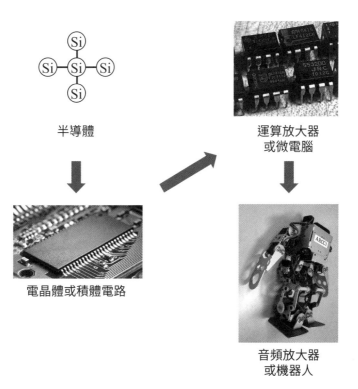

圖7-1-2 可以利用半導體製作各種電子電路

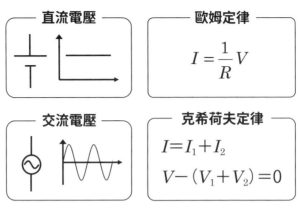

直流電壓　　　　歐姆定律

$$I = \frac{1}{R}V$$

交流電壓　　　　克希荷夫定律

$$I = I_1 + I_2$$
$$V - (V_1 + V_2) = 0$$

圖7-1-3 電子電路所使用的電氣電路的基礎

❗ 電路的保護功能

　　進行電子製作時，使用市售的音頻放大器或電源電路會很方便。設計音頻放大器或電源電路非常困難，但如果是市售的產品，即使沒有這方面的知識也可以使用這些電路。另外，市售的音頻放大器或電源電路附有保護功能，好讓沒有這方面知識的人使用也不會有問題。例如，電源電路可輸出電流的大小有其極限。如果在完全不知道的狀況下，在電源電路輸出端連接需要大電流的電路，則電源電路會發熱過多而損壞。一般的電源電路會附加保護功能，當檢測到過大電流時，會將輸出切斷。

　　當自行製作電路時，也可以附加保護功能。例如，如果使用運算放大器，有時會在輸入端施加超過電源電壓的電壓。在某些情況下，會造成運算放大器損壞。

　　這時，在電源與輸入端之間，連接一個施加逆向偏壓的二極體，以保護輸入端不會施加超過電源電壓的電壓。當你熟悉電子製作時，也請考慮這樣的保護功能。

7-2

學習電子電路

電子電路所使用的電子零件

　　請理解電子電路所使用的電子零件的特徵與功能。學習電子電路時不可或缺的是要理解每個元件各別的動作（圖7-2-1）。

電阻	控制電流的流動。
電容	通過頻率高的訊號。
線圈	通過頻率低的訊號。
二極體	控制電流的流向。
電晶體	用小訊號控制大訊號。
運算放大器	將訊號放大或用訊號運算。
LED	電流流過會發光。
感測器	將自然界的能量轉換成電氣訊號。

表7-2-1 電子零件的功能

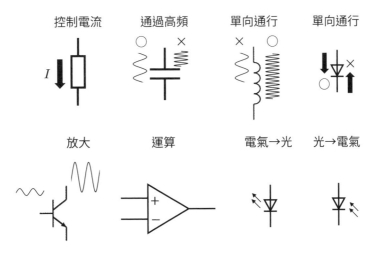

圖7-2-1 請理解電子電路所使用元件的特徵與功能

153

電子電路的動作

　　請學習使用電子零件的電路並理解電子電路。如果能確實理解二極體與電晶體等半導體元件的靜態特性,以及電氣電路的基本特性,就能理解電子電路的動作。

　　首先請學習使用電晶體的**放大電路**。電晶體將輸入於基極的小訊號,放大成大的訊號並輸出。如果使用運算放大器,則可以執行更大的放大率。依據連接在運算放大器上的電阻比,可以決定放大率。

　　如果使用放大電路,可以將小的訊號放大成大的訊號。使用音樂播放器從喇叭播放大的聲音時,是利用電晶體的放大電路。在放大電路上加上可流過大電流與去除機器所產生雜訊的電路,即可享受高音質的音樂。請透過音頻放大器之類的應用電路來深入理解電子電路(圖7-2-2)。

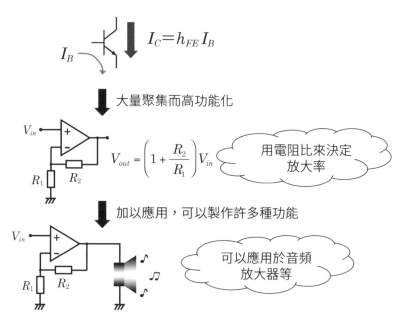

圖7-2-2 請理解電子電路的基本動作到應用

焊接與麵包板

元件的連接方法

　　想要喜歡上電子電路，嘗試去實際製作電路是一個好方法。但是，剛開始製作電路時，有時會因電阻與電容等元件的連接方法而受到挫折。另外，連接方法不好可能會導致電路不動作，因此必須確實知道連接的方法（圖7-3-1）。本節將說明用焊接的連接與使用麵包板的連接。

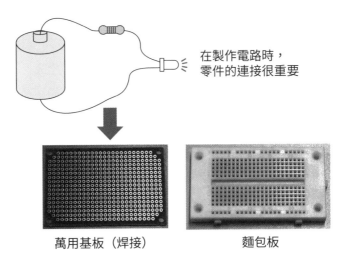

在製作電路時，
零件的連接很重要

萬用基板（焊接）　　　　　麵包板

圖7-3-1 零件的連接可使用萬用基板與麵包板

焊接的做法

　　首先說明元件連接的基礎，也就是**焊接**的連接方法。焊接是使用印刷基板與萬用基板時的連接方法（圖7-3-2）。在此將針對使用萬用基板的焊接進行說明。

步驟如下：

1. 將元件插入基板。
2. 用焊錫連接元件與基板。
3. 切斷多餘的導線。
4. 連接分離的元件。
5. 連接鄰接的元件。

①將零件插入基板

②用焊錫連接

③切斷導線

④使用零件的腳位
連接其他零件

圖7-3-2 萬用基板中的零件連接

將元件插入基板 萬用基板上開了許多的孔，這些孔的間隔為2.54mm（0.1吋）。插入元件時，將元件的導線配合孔的間隔彎曲。雖然用手可以彎曲電阻等並插入，但是使用鉗子與鑷子彎曲會彎得比較漂亮（圖7-3-3）。

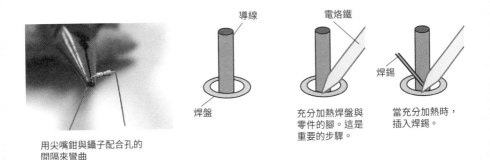

用尖嘴鉗與鑷子配合孔的
間隔來彎曲

導線

焊盤

電烙鐵

充分加熱焊盤與
零件的腳。這是
重要的步驟。

焊錫

當充分加熱時，
插入焊錫。

圖7-3-3 插入基板與焊接

用焊錫連接元件與基板 使用已經加熱的電烙鐵，將焊錫融化並連接元件和基板。將元件插入基板時，建議先加熱電烙鐵。

使用已加熱的電烙鐵加熱孔周圍的金屬部分（稱為**焊盤**）與元件的導線。加熱1秒左右後連接焊錫，並將焊錫與電烙鐵離開基板。此時，請注意焊錫不要太少或太多。焊錫建議是像富士山般的圓錐形狀態（圖7-3-3）。

切斷多餘的導線 將焊接元件的導線中不需要的部分用鉗子切斷。此時，導線可能會到處噴飛，所以請用手抓住要切斷的導線。另外，切斷的導線可使用於配線，所以請收集起來不要丟棄（圖7-3-4）。

切斷多餘的導線

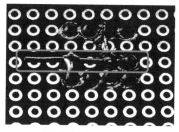
GND 等電源線使用長導線很方便

使用導線，連接分開的元件

圖7-3-4 切斷導線與使用導線的連接

連接分離的元件　要連接的元件有點距離時，使用導線來連接。電阻等長導線就直接折彎並配線。此時，使用尖嘴鉗與鑷子可以彎得漂亮。配線長而搖晃時，請在配線的中途利用焊盤與焊錫固定（圖7-3-4）。

另外，電源或GND會被許多元件使用，因此電源或GND的配線（電源線）使用1根長導線，並從中分岔較為方便（圖7-3-4）。

連接鄰接的元件　要連接配置在旁邊的元件時，可以灌入焊錫來連接。用電烙鐵接觸2個元件的焊錫部分，加熱要連接的部分。當連接的焊錫融化時，在2個焊盤間灌入新的焊錫。於是，焊錫跨在2個元件中間並黏在一起，這個稱為**錫橋**（圖7-3-5）。

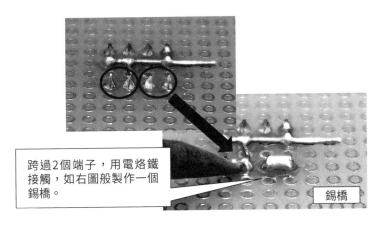

跨過2個端子，用電烙鐵接觸，如右圖般製作一個錫橋。

錫橋

圖7-3-5 連接鄰接的元件

麵包板的使用方法

麵包板是具有許多開孔的板子，裡面已配線，將各列的孔相互連接（圖7-3-6）。因此，插在同一列孔的元件會互相連接。連接步驟如下：

　1. 將元件插入麵包板。

　2. 用跳線連接元件。

正如圖表所示，由於不需焊接，非常簡單。但是，由於有時配線容易脫落，或是插拔造成麵包板內部連接不良等，因此麵包板最好是拿來確認動作。確認好動作後，請在萬用基板上進行焊接。

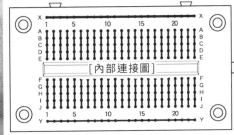

出處：http://akizukidenshi.com/catalog/g/gP-00313/

圖7-3-6 麵包板的連接

7-④

零件訂購指南

請準備零件

如果手邊備好了零件，就馬上可以製作電路，但是初次挑戰的人都是從一無所有的狀態開始。如果前往東京的秋葉原，那裡提供所有電子製作所需的零件。至於沒有機會前往秋葉原的人，請在網路上的線上商店購買。本節將介紹可以購買本書介紹的零件與工具的線上商店（圖7-4-1）。

秋月電子電商

這家是最主要的零件電商。本書介紹的零件在這裡幾乎都可找到。從登入畫面進行會員註冊後，即可在網路上購物。這家電商在東京秋葉原有實體店面，如果有機會到東京，也可以順道逛逛。

RS Components

這家也是主要的零件電商，也經手一些在秋月電子電商所無法入手的零件。這家也是在線上註冊後即可在網路上購物。

Marutsu Parts

這家電商的備貨品種也非常豐富。Marutsu Parts 在東京以外地區也有實體店面。如果是住在東京以外的人，到就近的Marutsu Parts店面比較方便。

HOZAN

　　如果要準備工具時，HOZAN比較方便。鉗子、老虎鉗或電烙鐵等電子製作所需工具十分齊全。對於完全沒有工具的人，建議購買工具組。

●秋月電子通商
http://akizukidenshi.com/catalog/default.aspx

●RS Components
http://jp.rs-online.com/web/

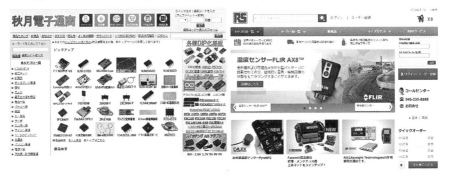

●Marutsu Parts
http://www.marutsu.co.jp

●HOZAN
http://www.hozan.co.jp

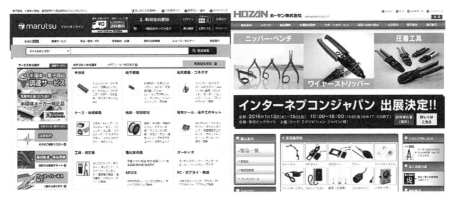

圖7-4-1 用來準備電子製作所需材料的電商網站

7-⑤

學習電子電路的方法

學校所學的電子電路

在日本的高等專門學校或大學的課程中也可以學習到電子電路。學習的課程包含元件的特性、等效電路與使用這些電路的計算等。以這個做為基礎，繼續學習放大電路與電源電路等各種電路。

雖然會出現許多的算式，但是基本上只是使用歐姆定律與克希荷夫定律而已。還有就是將電晶體的物理現象變成算式而已。如果你不明白算式，請再重讀一次本書。

學習電子電路的方法

為了應用本書或學校所學的電子電路，需要確實地理解基礎，因此數學的知識不可或缺。不善於數學的人會在此受挫，而無法繼續往下學習。

首先請理解算式的意義。電子電路所使用的算式只是用來解釋物理現象。請一邊考慮電阻或電晶體的動作，一邊理解算式。

另外，理解電路的特徵也很重要。請理解電路的優點、缺點，並知道在什麼時候要使用怎樣的電路。

還有餘裕的人，請實際製作電子電路。將所學的知識實際應用，會知道你尚未理解的事情，並更加深入理解。另外，自行製作電路也可以了解電子電路的樂趣。

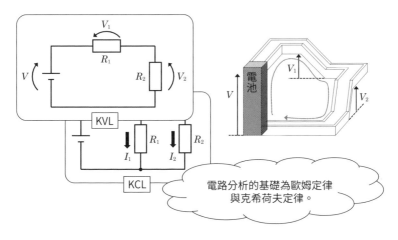

圖7-5-1 理解基本法則

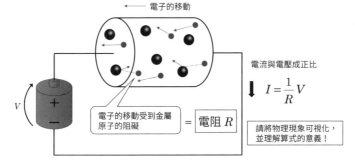

圖7-5-2 將物理現象可視化

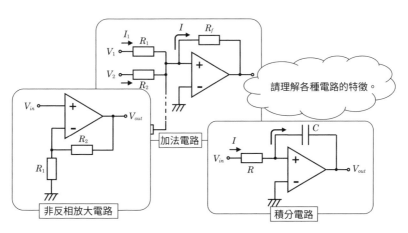

圖7-5-3 理解電路的特徵

7-6

電晶體的小訊號等效電路

電路設計不可或缺的小訊號等效電路

電路的放大率與動作速度是由電晶體的大小、種類與流過的電流值等決定，電晶體層級的設計人員會依據電路的規格來決定電晶體的大小與電流值。在決定這些時，會使用一種電路，稱為小訊號等效電路。

電晶體的靜態特性為指數函數或2次函數等曲線函數，但如果只看很狹小的範圍，則近似直線。也就是數學所說的微分。在這個狹小範圍內的訊號稱為**小訊號**，在處理這個小訊號時的電晶體動作的電路，稱為**小訊號等效電路**（圖7-6-1）。

雙極性電晶體的小訊號等效電路

雙極性電晶體的小訊號等效電路有好幾種，而教科書上經常看到的是使用h參數的小訊號等效電路。h參數是將雙極性電晶體視為黑盒子，用電路來表現當從外部輸入小訊號時的反應。其他還會使用所謂的**T型等效電路**或 π 型等效電路（圖7-6-2）。

FET的小訊號等效電路

做為FET的小訊號等效電路而被使用的，是使用轉導g_m與輸出阻抗r_o的等效電路（圖7-6-3）。將閘極–源極間電壓轉換成汲極電流的參數為g_m。FET的輸出阻抗r_o的理想值為無限大，但是尺寸愈細微則輸出阻抗會降得愈多，因此在最近的微細化製程中是無法忽視的參數。

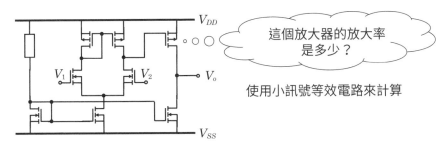

圖7-6-1 電路特性透過小訊號等效電路來求取

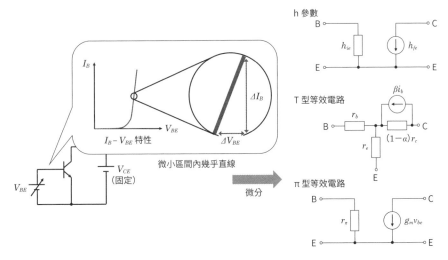

圖7-6-2 如果是小的訊號,則將電晶體視為小訊號等效電路來處理

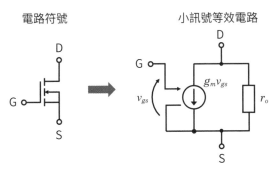

圖7-6-3 MOS-FET 的小訊號等效電路

如何利用印刷電路板進行製作

完成電路前的流程

麵包板或萬用電路板適合用來確認電路的動作等，但是如果要製作多個電路時，印刷電路板會比較方便。印刷電路板只要將元件焊接在電路板上即可完成電路（圖7-7-1）。用印刷電路板製作電路時，請依照下列步驟進行：

1. 檢討規格並製作計畫。
2. 電路設計（決定電路圖與電阻值等）。
3. 電路板佈線（根據設計來繪製線路）。
4. 組裝（用焊接來連接元件）。
5. 驗證（確認其動作是否符合規格）。

印刷電路板的製作方法

製作印刷電路板時，為了在印刷電路板上製作元件間的線路，要進行所謂的**佈線**作業。電路板佈線作業基本上只是繪製線路，因此用Power Point等一般的軟體也可以進行。然而，也有**EAGLE**或**CADLUS**等數種免費的電路板佈線軟體，使用這些軟體會比較方便。

完成佈線後，就必須製作印刷電路板。如果有設備也可以自行製作，但是考量設備的成本與維護管理，會非常麻煩。因此建議委託印刷電路板製作業者製作（圖7-7-2）。有一些製造業者專門接個人訂單，因此當你要製作印刷電路板時，請務必找看看。在日本著名的是個叫做**P板.com**的業者。一般通常需要**初期費用**做為設備的準備費用等，但對於少量生產來說，其CP值很差，而如果是接個人訂單的業者，則是不需要初期費用。

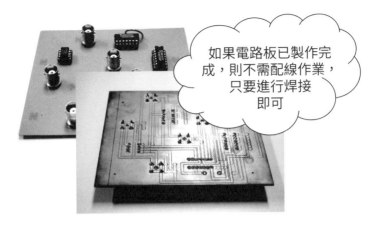

圖7-7-1 製作完成的印刷電路板

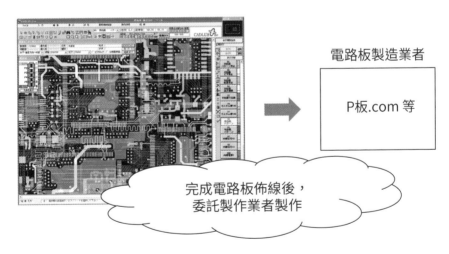

圖7-7-2 也可進行複雜的電路板佈線的佈線專用軟體工具

使用電路模擬器進行設計

電路設計與電路模擬器

在實際的電路設計中，為了仔細地確認電路的動作，會使用**電路模擬器**。如果使用電路模擬器，可以在電腦上確認製作完成後電路的動作。另外，在實驗中難以調查的驗證也很容易進行。像這樣使用電路模擬器，可以減少製作電路後的失敗（圖7-8-1）。

電路模擬器的原理

電路模擬器會依據電路的元件與其連接資訊，使用歐姆定律與克希荷夫定律來計算流過元件的電流與電壓。電路的連接資訊稱為**網路連線表**。電路模擬器可進行各種分析，並配合改變電晶體等半導體元件的等效電路來進行模擬。例如，在分析放大率等小訊號特性時，會使用7-6節中說明的小訊號等效電路。但是，實際上是使用更複雜的等效電路來計算。

電路模擬器的種類

當使用市售的電晶體進行電子製作時，經常會使用LTSpice或PSpice等軟體。特別推薦LTSpice，因為它免費且沒有使用限制。另外，只要繪製電路圖即可自動產生網路連線表，因此初學者也可簡單地進行電路模擬（圖7-8-2）。

另一方面，利用電晶體層級設計積體電路內部時，會使用HSPICE或Spectre這些工具軟體（圖7-8-3）。企業、大學、高等專門學校會使用這些工具軟體，但是由於價格昂貴，並不適合個人購買。

依據規格設計電路　　　　　　寫下電路圖資訊　　　　　　模擬

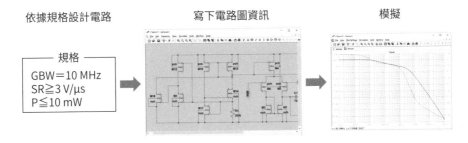

規格
GBW＝10 MHz
SR≧3 V/μs
P≦10 mW

圖7-8-1 使用模擬器的電路設計

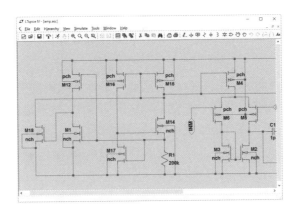

圖7-8-2 可免費使用的LTSpice

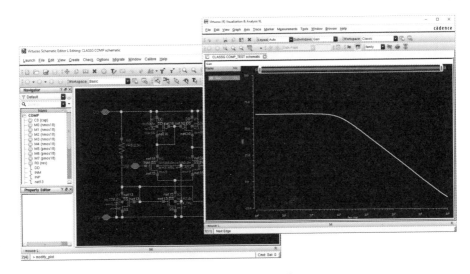

圖7-8-3 高功能的HSPICE與Spectre

❗ 建議進行電子製作

　　「最近的電子設備都是由許多積體電路所構成，無法修理或改造」，經常會聽到這種說法。據說以前收音機或電視機壞了，買零件來替換就可以繼續使用。

　　我並非是那一個世代的人，所以並不清楚，但是我對於電子電路會產生興趣的原因是因為改造CPU。高中時使用的電腦CPU稱為「Duron」，有一種小技巧是在這個Duron上方的配線，將一部分連接就可以進行超頻（提高CPU的處理速度）。我用鉛筆拉線並將配線連接，當可以進行超頻時，非常感動。這是我首次體驗的電子製作。

　　學習電子電路時或許會覺得困難，但是如果能擁有一些感受到電子製作很有趣的經驗，在電子電路的學習上就不會感到挫折。如果你還沒有電子製作的經驗，請務必體會看看。現在市面上販賣著各式各樣的電子設備，或許你會覺得「用買的比較快吧！」，但是還是請充滿自信地去製作這些沒用的東西吧。這些經驗在學習電子電路上非常重要。

參考書目

● 松本光春，『電子部品が一番わかる』，技術評論社，2013

● 川島純一，斎藤広吉，『電気基礎（上）』，東京電機大学出版局，1994

● 石川洋平，『電子回路の基本としくみ』，秀和システム，2013

● 須田健二，土田英一，『電子回路』，コロナ社，2003

● 小峯龍男，『電子工作のキホン』，SoftBank Creative，2012

● 米田聡，『電子回路の基礎のキソ』，SoftBank Creative，2007

● 別府俊幸，『OP アンプ MUSES で作る高音質ヘッドホン・アンプ』，CQ 出版社，2013

● 谷口研二，『LSI 設計者のための CMOS アナログ回路入門』，CQ 出版社，2005

● 加藤ただし，『つくる電子回路』，講談社，2007

● 清水暁生，石川洋平，深井澄夫，『電源回路の基本と仕組み』，秀和システム，2015

中日英文對照表及索引

中文	日文	英文	頁次
小訊號等效電路	小信号等価回路		164
中子	中性子	Neutron	14
介電質	誘電体	Dielectric	49
引線電阻	リード抵抗		44
功率	電力		38
平方定律	2乗則		68
光電二極體	フォトダイオード	Photodiode	76
有效值	実効値		24
耳機放大器	ヘッドホンアンプ		112
串聯電阻	直列抵抗		34
位能	位置エネルギー		26
低通濾波器	ローパスフィルタ	Low-pass filter	97
克希荷夫定律	キルヒホッフ法則	Kirchhoff's Law	32
汲極	ドレイン		82
並聯電阻	並列抵抗		34
函數	関数	Function	164
相對電容率	比誘電率		49
負回饋電路	負帰還回路		91

負載	負荷		93
音樂播放器	オーディオプレイヤー	Audio Player	112
音頻放大器	オーディオアンプ		140
倒數	逆数		34、36
射極	エミッタ		82
振盪電路	発振回路	Electronic oscillator	121
純半導體	真性半導体	Intrinsic semiconductor	56
配接器	アダプタ		122
高通濾波器	ハイパスフィルタ		97
啟動電壓	立ち上がり電圧		58
基極	ベース		82
焊接	はんだ付け	Soldering	155
焊盤	ランド	Land	157
異型達靈頓	インバーテッドダーリントン		64
通道長度調變效應	チャネル長調変効果		68
晶片電阻	チップ抵抗		44
最大額定值	絶対最大定格		20、110
虛短路	バーチャルショート	Virtual short	72
集極	コレクタ		82
感測器	センサ	Sensor	76
源極	ソース		82

靜態特性	静特性		62
檢波電路	検波回路		116
繞線電阻	巻線抵抗		45
轉導	トランスコンダクタンス	Transconductance	68
雙極性電晶體	バイポーラトランジスタ		43、62
額定規格	定格		20
穩壓器	レギュレータ		123
疊接	カスコード接続		84
邏輯運算	論理演算	Logical operation	18、103

中日英文對照表及索引

175

國家圖書館出版品預行編目資料

圖解電子電路 / 清水曉生著；張酒成譯. -- 初版. -- 臺北市：易博士文化，城邦事業股份有限公司出版：英屬蓋曼群島商家庭傳媒股份有限公司城邦分公司發行, 2023.05
　面；　公分
譯自：電子回路が一番わかる
ISBN 978-986-480-300-2(平裝)
1.CST：電子工程 2.CST：電路
448.62　　　　　　　　　　　　　　　　　　　112006592

DA3011
圖解電子電路

原 著 書 名 /	電子回路が一番わかる
原 出 版 社 /	技術評論社
作　　　　者 /	清水曉生
譯　　　　者 /	張酒成
責 任 編 輯 /	黃婉玉

業 務 經 理 /	羅越華
總 　 編 　 輯 /	蕭麗媛
視 覺 總 監 /	陳栩椿
發 　 行 　 人 /	何飛鵬
出　　　　版 /	易博士文化

城邦文化事業股份有限公司
台北市中山區民生東路二段141號8樓
電話：(02) 2500-7008　　傳真：(02) 2502-7676
E-mail：ct_easybooks@hmg.com.tw

發　　　　行 / 英屬蓋曼群島商家庭傳媒股份有限公司城邦分公司
台北市中山區民生東路二段141號2樓
書虫客服服務專線：(02)2500-7718、2500-7719
服務時間：周一至週五上午0900:00-12:00；下午13:30-17:00
24小時傳真服務：(02)2500-1990、2500-1991
讀者服務信箱：service@readingclub.com.tw
劃撥帳號：19863813　戶名：書虫股份有限公司

香港發行所 / 城邦(香港)出版集團有限公司
香港灣仔駱克道193號東超商業中心1樓
電話：(852)2508-6231 傳真：(852)2578-9337
E-mail：hkcite@biznetvigator.com

馬新發行所 / 城邦（馬新）出版集團 Cite (M) Sdn Bhd
41, Jalan Radin Anum, Bandar Baru Sri Petaling,
57000 Kuala Lumpur, Malaysia.
Tel：（603）90563833　　Fax：（603）90576622
Email:services@cite.my

美 術 編 輯 /	陳姿秀
封 面 構 成 /	陳姿秀
製 版 印 刷 /	卡樂彩色製版印刷有限公司

Original Japanese title: DENSHIKAIRO GA ICHIBAN WAKARU
Written by Akio Shimizu
© Akio Shimizu 2016
Original Japanese edition published by Gijutsu Hyoron Co., Ltd.
Traditional Chinese translation rights arranged with Gijutsu Hyoron Co., Ltd.
through The English Agency (Japan) Ltd. and AMANN CO., LTD.

2023年5月25日 初版1刷
ISBN 978-986-480-300-2(平裝)
定價750元　　HK$250